연어가 돌아오지 않는 이유

연어가 돌아오지 않는 이유

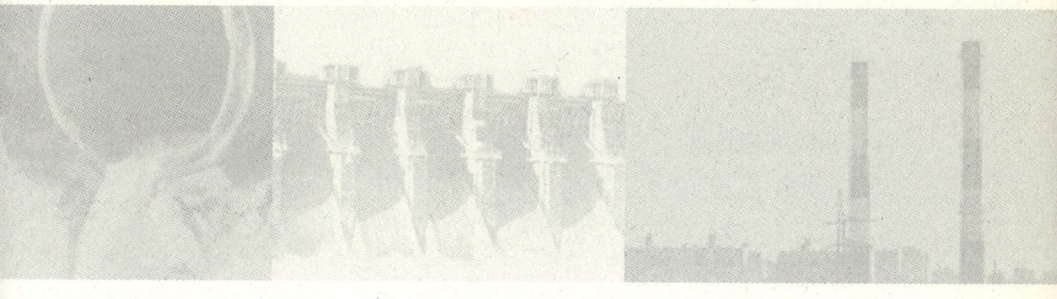

환경기자클럽

궁리
KungRee

차례

　　환경기자클럽이 매년 수여해온 '올해의 환경인상' 시상식이 끝
난 지난해 12월 말, 몇몇 기자들이 모인 자리에서 환경기자클럽이
유명무실해졌다는 자성의 목소리가 높았다. 우리 사회 곳곳에서
개발과 보전, 환경 오염 등을 둘러싼 갈등으로 몸살을 앓고 있는데
도 환경기자클럽이 한가하게 '올해의 환경인상' 대상자를 선정하
는 것만으로 겨우 명맥을 잇고 있다는 지적을 받아온 터였다.

　　1990년대 중반에 들어서면서 시화호 오염 사건과 영월 동강댐
건설 등으로 환경 보전이 우리 사회의 중요한 사회적 이슈로 부각
되었다. 새만금 간척 사업을 둘러싼 정부와 환경 단체 간의 지루하
고도 치열했던 공방은 환경과 경제, 개발과 보전 간의 해묵은 갈등
을 극명하게 드러냈다. '상생相生의 관계'로 정립된 21세기에도 여
전히 개발과 경제에 무게중심이 실려 있다.

　　환경 사건을 다루는 기자들의 시각도 전문성과 현장 취재 부족
등으로 균형감을 상실하거나 문제의 본질을 간과하고 있다는 비판
을 받아야 했다. 환경 기자들 중에는 10년 이상 환경부를 출입한
베테랑도 있고, 박사 출신의 전문 기자도 있지만 대부분 기자들은
1년도 채 못 되어 출입처가 바뀌는 한국 언론의 취재 관행도 이러
한 비판의 한 요인으로 작용하였다. 환경 문제에 관심이 있거나,
환경부를 출입했던 기자들로 1990년 발족한 환경기자클럽은 이 같

은 한계를 극복해보자는 취지에서 비롯되었다. 그러나 초기의 의욕적인 출발에 비해 기자실 중심으로 행동 반경이 좁아들고, 회원들의 관심도 저하하면서 본연의 취지가 퇴색하였던 것이 사실이다.

환경 보도에 있어서 기자들의 전문성을 제고하고 환경기자클럽을 활성화해보자는 취지에서 단행본을 발간하기로 결정한 것은 때늦은 감이 없지 않다. 취재 현장에서 접한 생생한 경험들을 통해 환경 정책의 올바른 방향을 점검해보자는 의도에서 이 책의 출판을 결정했지만 작업은 생각보다 난관이 많았다. 집필을 맡았던 기자들이 하나 둘 출입처를 옮기면서 진도가 더뎌졌고, 늘 바쁜 일상에 쫓기는 기자들이 따로 시간을 쪼개 원고를 작성하는 것도 쉬운 일은 아니었다. 이러다 보니 당초 계획보다 출판 시기가 수개월이나 지연되었다. 여러 사람이 참여하다 보니 책의 일관성도 결여되고 내용이 중복되는 부분도 발생하였다. 특히 새만금 간척 사업에 대해서는 정책 결정의 배경과 한계 등을 자세히 다룰 계획이었으나 의도대로 반영하지 못한 아쉬움이 있다. 환경 정책 결정과 언론간의 관계도 기대대로 반영하지 못한 여운이 남아 있다. 그러나 이 책의 출판을 계기로 좀더 전문적이고 깊이 있는 책이 나오기를 기대한다. 환경 기자들을 위한 취재 매뉴얼은 물론 지역에서 활동하는 많은 환경 기자들과의 연대 사업도 필요할 것이다.

미흡한 부분이 많지만 이 책이 나오기까지 많은 분들이 수고를 아끼지 않았다. 환경전문기자인 중앙일보 강찬수 기자는 편집 위원장을 맡아 원고 정리와 회원간 연락 등 세심한 일에 상당한 시간을 투자해야 했다. 지면을 통해 그간의 노고에 감사를 드린다. 일간보사 이정윤 차장은 오랜 환경부 출입 경험을 통해 재미있는 이야깃거리를 많이 게재해 책의 재미를 더해주었다. 한겨레신문의 조홍섭 부장과 문화일보 예진수 차장, SBS 서쌍교 기자, 연합뉴스 심인성 기자 등 바쁜 시간을 쪼개 원고를 보내준 많은 회원들의 관심과 열기가 환경기자클럽이 새롭게 도약하는 밑거름이 될 것임을 확신한다.

지금은 환경부를 떠났지만 이 책의 출판에 누구보다 관심을 가지고 지켜봐주었던 신현국 전 환경부 공보관에게도 감사드린다. 교보생명교육문화재단은 이 책을 만드는 데 재정적인 도움을 주었다. 관심을 가져준 이사장께 고마운 마음을 전한다.

2001년 11월
한국환경기자클럽 회장 정정화

ㅣ

환경 동네 사람들

1 __ 5동 장관실

장관의 연애 편지

김명자 환경부장관은 편지쓰기로 유명하다. 업무 수행과 관련
해 대국민 설득이나 홍보가 필요할 때마다 이해 당사자들에게 편
지를 보내곤 했다. 낙동강물관리종합대책안을 놓고 영남 지역 공
청회가 무산되는 등 주민 반발이 극에 달했던 1999년 11월, 김 장
관은 섬세한 필치로 장문의 편지 2만 2,000여 통을 주민들에게 발
송했다. A4 용지로 여섯 매에 달하는 이 편지에는 정부와 주민들이
머리를 맞대고 낙동강을 살려보자는 호소가 곳곳에 물씬 배어 있

었다.

"낙동강은 청마 유치환 시인이 '태백산 두메에서 떨어진 꽃잎이 흘러흘러 삼랑 여울목……' 이라고 노래하고, '어머니, 낙동'이라고 부른 바로 그 정다운 강입니다. … 그 귀하고 아름다운 생명을 살리는 일은 우리 손에 달렸습니다. 부디 여러분의 뜻을 모아주십시오. 정부는 낙동강 물을 살리는 일에 충실한 심부름꾼이 되겠습니다……."

친필 편지는 아니지만 장관의 '호소문'을 받은 사람들마다 진한 애정과 공감을 느꼈다고 한다. 포장 마차에서 주민들과 머리를 맞대고 밤이 늦도록 함께 고심했다는 그의 회고담을 듣다 보면, 낙동강에 대한 애정이 공치사만은 아닌 듯싶다. 난산 끝에 그해 12월 30일 정부의 낙동강물관리종합대책이 확정되자 김 장관은 새해 벽두에 감사의 글을 쓰기 위해 다시 펜을 들었다.

김 장관이 1999년 6월 24일 취임한 이후 발송한 편지는 17회에 걸쳐 무려 9만 통. '편지 장관'이라고 할 만하다. '구애 편지'의 대상은 정부의 대책으로 직접 피해를 입게 되는 주민은 물론, 지방자치단체장, 시·도교육감, 대학의 환경 관련 학과 교수와 전문가, 컴퓨터 학원장, 택시 운전 기사, 폐수 배출업체 관계자, 방송사 PD, 환경 홍보 사절 등 사안이 생길 때마다 가리지 않았다. 직접 만나지는 못하지만 편지로나마 업무 수행에 협조를 당부하거나 '환경 가족'으로 끌어들이려는 전략이었다.

역대 여성 장관들이 취임 이후 온갖 구설수로 바람 잘 날이 없었던 것에 비하면 이 같은 '편지쓰기'는 참신한 행동으로 평가받았다. 그러나 여기서도 예외 없이 장관의 행동 방식을 무턱대고 추종하려는 관료들의 습성이 문제였다. 본부 간부들이나 산하 기관장들이 충성 경쟁이라도 하듯 덩달아 편지쓰기 대열에 합류한 것이다. L 국장은 야생 동물을 밀렵하다 경찰에 적발돼 요주의 인물로 리스트에 올라와 있는 1,000여 명의 밀렵꾼들에게 정중한 '협조문'을 보냈다. 감시의 눈길을 피해 무자비하게 야생 동물에게 올가미를 덧씌우는 밀렵꾼들이 어디 편지 한 장에 미동이나 할 법한가? 게다가 한 지방환경청장은 관내 기관장과 주요 인사들에게 뒤늦게 환경 보전의 중요성을 설파하는 장문의 편지를 띄웠다고 한다. 때 아닌 편지 붐이 인 것이다.

문제는 사태가 이쯤에서 그치지 않고 공식적인 기구인 공보 실무에 홍보를 전담하는 부서까지 등장해 윗분 모시기에 급급했다는 점이다. 김 장관 취임 1년 후인 2000년 6월 말 기획관리실 홍보기획팀(팀장 서기관)을 발족시킨 것은 환경 정책 홍보 업무를 강화하자는 취지에서였다. 기존의 공보관실로는 특성상 대국민 홍보에 미진할 수밖에 없다는 설명도 덧붙여졌다. 일리가 있지만 이 부서가 하는 일을 보면 명분과 실제가 맞지 않는 일도 있었다. 김 장관이 취임 후 처음 맞게 된 2000년 8월 개각에서 유임이 확정되자 홍보기획팀은 장관의 치적을 담은 편지 2,400여 통을 국회 의원과 환경 단체, 언론사 간부 등에 보내 구설수에 올랐다. "개각으로 몇 분이 떠났지만 환경부장관 자리에서 그대로 일하게 된 것을 난마처

럼 얽혀 있는 환경 현안을 바로잡으라는 채찍으로 알고 열심히 일
하겠다"는 김 장관의 편지 내용은 개인 홍보에 치우쳤다는 비판도
있다.

선의로 시작한 장관의 편지쓰기가 제2라운드로 접어드는 시점
이었다. 아니나다를까 이를 기화로 안팎에서 이 조직이 '옥상옥'이
라는 비난이 쏟아졌다. 홍보기획팀은 1년도 채 못 돼 해체되었다.
김 장관이 2001년 3월에 단행된 두 번째 개각에서도 유임된 직후
였다. ____ 정정화 한국일보 기자

연필 결재

"알았으니 가봐."

"장관님 이번 사안은 중요하니 결재를 해주시죠."

"알았으니까, 그대로 시행해."

"그래도 결재를……."

지난 1990년대 중반 당시 과천정부청사 5동 5층 장관실에서 ○
○○ 환경부장관과 한 초급 과장(현재는 부이사관)이 결재를 둘러싸
고 승강이를 벌이는 장면이다. 결국 과장의 끈질김에 장관은 결재
를 하기는 한다. 그러나 김 장관은 만년필 대신 옆에 있던 연필을
집어 드는 게 아닌가. 결재는 하되 연필로 한 것이다.

정치인 출신 환경부장관의 연필 결재.

무슨 의미일까.

권한은 갖되 책임은 못 지겠다는 발상에 다름 아니다. 국민들이 위임해준 온갖 권한은 몽땅 행사하고 싶지만 행여 정치인으로서 타격은 면하고 싶은 마음이야 누군들 모르랴. 하지만 장관의 결재가 일반 국민이나 기업들의 행위에 제한을 받는다면 연필 결재는 천부당 만부당한 일이다. 지워지지 않는 만년필 결재는 책임도 지워지지 않는다는 것을 의미한다.

시화호 담수화 포기가 선언되자 국민들은 책임 소재를 규명하고 책임을 지우라고 명령하고 있다. 벌써 15년 전에 추진된 일인데다 그동안 정권이 네 번이나 바뀔 정도로 결재 라인에 선 공무원들이 많은데 누굴 처벌하겠느냐는 변명도 나온다. 또 정책 결정 사항에 대해 처벌을 하면 어느 공무원이 일을 제대로 할 수 있겠냐는 하소연도 들린다. 그러나 결재의 의미가 뭔가. 책임의 의미다. 책임지기 싫으면 신중하라는 뜻도 포함되어 있다. 신중하지도 못하고 책임도 지기 싫으면 장관도 공무원도 하지 말라는 해석도 가능하다. 그래서 연필 결재는 무책임의 극치다.

항상 그랬듯이 새만금 사업, 경인 운하 등 환경 현안은 많다. 그런 현안에 서 있는 공무원들의 마음도 착잡할 것이다. 신중하되, 미래를 생각하는 만년필 결재를 기대한다. ___ 이정윤 일간보사 기자

몰래카메라를 찾아라

'눈물 장관' 이라는 별명을 얻은 황산성 장관 때 일이다.

황 장관과 환경처 출입 기자들의 만남은 1993년 2월 출발부터 어긋나기 시작했다. 취임식을 마친 황 장관이 잠실에 있는 환경처 (지금은 연금관리공단 본사 건물) 기자실에 들어설 때까지만 해도 여성 장관이자 그런 대로 개혁적인 인물이어서 기자들의 호기심과 기대가 컸다. 많은 질문이 쏟아졌고 그런 대로 황 장관은 잘 받아 넘겼다. 그러나 C 일보 기자의 마지막 질문이 기자들과 황 장관을 결정적으로 갈라놓고 말았다.

"왜 이혼하셨나요?"

'공인 벗기기' 차원에서 충분히 이해될 수 있다고 생각된 기자들의 평범한 질문에 답변은 자극적으로 되돌아오고 말았다.

"질문하신 기자는 어디 소속인가요?"

"C 일봅니다."

"대 C 일보 기자가 그런 질문밖에 할 수 없나요?"

"……."

"나는 이미 월간지 등에 다 말했어요. 월간지 사 보세요."

그리고 퉁명스럽게 말한 뒤 분위기가 심상치 않음을 파악한 한 국장의 권유로 자리를 박차듯 나가버렸다. 당시로선 가진 게 '심술' 뿐인 기자들이 가만히 있을 리 없었다. 개인적으로는 연일 가십이 터지고 환경처로선 장관의 괘씸죄 덕에 환경 정책이 비틀려졌다. 연일 신문을 장식한 덕에 더 유명해진 황 장관은 국회에서 '주머니에 손 넣고 답변하는 장관'이라는 한 컷 사진 때문에 '오만함' 까지 덧씌워졌다. 국회 보사위(당시 상임위)에서는 속내를 드러내는 말을 하다 눈물까지 비춰 '눈물 장관' '울보 장관'의 별명까지 얻게 된다.

이쯤 되면 황 장관의 처지에선 환경처 출입 기자들이 '웬수'가 아니고 뭘까. 깨지고 터져도 웃으면서 기자실에 내려오던 황 장관이 어느 날부터 2, 3주쯤 발길을 뚝 끊었다. 그래도 황 장관을 만나면 가십이라도 한 건 건지려던 기자들이 궁금하지 않을 리 없다. 하지만 안 내려오는 이유가 황당했다. 황 장관을 '죽이기 위해' 기자실에 몰래카메라가 설치되어 있기 때문이라나. 참모의 잘못으로 판단이 흐려졌는지, 아니면 스스로 편견에 사로잡혔는지는 몰라도 며칠 후 민○○ 공보관이 좌천의 쓴맛을 보았다. 있지도 않은 몰래카메라 사건을 비롯해 일련의 황 장관을 둘러싼 사건들을 지켜본 기자는 공인들이 얼마나 자기 감정을 잘 추스려야 하는가를 보여주는 전형으로 아직도 기억하고 있다. _____ 이정윤 일간보사 기자

소리 없는 장관이 장수 비결

역대 여성 환경부장관들은 유난히 '소리'가 컸다. 강한 개성과 소신 탓인지 장관의 목소리가 밖으로 크게 들린 경우가 적지 않았다. 취임부터 언론의 집중적인 관심을 끌었던 황산성 장관은 국회 답변 과정에 호주머니에 손을 넣은 모습조차 신문에 큼지막하게 실릴 정도였다. 기자들과 언쟁도 잦았던 그는 끝내 눈물을 뿌리며 물러나야 했지만 그만큼 개성이 강했다. 장관이 되고서도 예정된

러시아 공연을 강행할 정도로 연기인으로서 남다른 애착을 가졌던 손 숙 장관은 협찬금을 받은 것이 문제가 돼 역대 최단명을 기록하며 한 달 만에 떠나야 했다. 이래저래 환경부장관의 평균 재임 기간은 고작 10개월 정도. 환경 사건이 수시로 불거진 데다, 개각 때마다 정치적 배려의 우선 대상이었던 점도 크게 작용했다. 1990년 환경처 발족 이후 열두 명의 장관이 머물다 갔지만 김명자 장관만 2년 4개월을 넘기며 '장기 집권'했다. 정부 부처를 통틀어 역대 여성 장관 가운데 최장수 기록을 보유하고 있는 김정례 전 보사부장관(2년 11개월)을 바짝 추격하고 있으니 그의 장수 비결이 화제에 오를 만했다.

호사가들은 여성 안배, 그것도 매스컴의 조명을 받을 만한 미모의 대학 교수 출신이라는 점을 거론하지만, 소리 소문 없이 업무를 처리하는 스타일을 빼놓을 수 없다. 전임 여성 장관들과 달리 목청을 높이며 나서지 않고도 환경부의 위상을 챙기고 있으니 말이다. 그러나 일부에서는 김 장관의 이런 스타일을 두고 '색깔이 없다'는 비판도 제기됐다.

한 가지 예를 들어보자. 새만금 간척 사업의 계속 여부를 놓고 찬반 논쟁이 격렬했던 2000년 8월 중순 어느 날, 일단의 환경 단체 회원들이 환경부로 들이닥쳤다. 민관공동조사단의 최종 보고서가 정부에 제출된 직후여서 환경부의 입장을 확인하고 싶어서였다. 그들은 내심 정부 내에서 환경부만은 새만금에 반대할 것이라는 기대감을 잔뜩 갖고 있었다. 그러나 장관의 답변은 노 코멘트. 정부의 공식 입장이 확정되지 않은 상태에서 환경부의 견해를 밝힐 수 없다는 것이었다. 간척 사업이 강행될 경우 환경 단체들이 주장하는 바대로 갯벌 훼손과 수질 오염이 우려된다는 '원론 강의'만 되풀이했다. 당연히 환경 단체들의 비난이 터져 나왔다. "언제는 환경부가 '정부 내 NGO'라고 해놓고 정작 민감한 사안에 대해서는 아무 소리도 못 하느냐"는 것이었다.

평소 출입 기자들이 새만금에 대한 환경부의 입장을 밝혀 달라고 끊임없이 들볶아대도(?) 꿈쩍 않던 그였다. 2000년 8월과 12월, 두 차례 실시한 수질 분석 모델링에서 이미 새만금 담수호의 수질 목표(농업용수 4등급)는 '달성 불가능'이라는 판정이 내려졌으나 장관의 함구령으로 실무 책임자들은 물론, 실국장들조차 운도 뗄 수 없는 상황이었다.

김 장관은 국회 의원들의 끈질긴 추궁에도 소신을 굽히지 않았다. 2001년 2월 26일 국회 환경노동위에 출석했던 그는 의원들로부터 새만금 사업과 관련해 환경부가 분석한 수질 예측 등 관련 자료를 제출하라는 압박에 시달렸다. 3월 5일까지 내놓지 않을 경우 국회법에 따라 고발하겠다는 '최후 통첩'을 받았다. 한 야당 의원은 "정부가 사업 강행을 확정해놓고 수질 문제가 걸리자 자료를 숨기는 것이 아니냐"고 다그쳤다. 환경부의 자존심이 무너지고, 모욕적인 언사도 터져 나오는 험악한 분위기였다. 그래도 김 장관은 "새만금 사업은 농림부와 해양수산부 등 여러 부처가 관련돼 있는데 최종 결정 이전에 수질 관련 자료만 내놓을 수는 없다"고 버텼

다. 설령 문제가 있다고 해도 환경부만 나서서 떠든다고 해결될 사
안이 아니라는 그의 '신중론' 은 청와대에서 높은 점수를 받았다(자
료 제출 시비는 국무총리실과 긴급 협의를 거쳐 최종 마감일에 제출함으
로써 일단락되었고, 언론에도 이때에서야 '4급수 달성 불가'라는 수질 예
측 자료가 공개되었다).

　　김 장관의 이 같은 처신은 새만금과 관련한 환경부의 역할 및
한계에 기인한 것이었다. 새만금 담수호의 수질 목표를 달성 가능
한 것으로 판단할 경우(사업 주관 부처인 농림부는 완강하게 이 입장을
견지해왔다) 나중에 시화호처럼 오염 사태가 발생하면 환경부가 모
든 책임을 져야 하고, 반대로 수질 오염이 우려된다 해도 정책적으
로 엄청난 돈을 쏟아붓는다면 불가능할 것도 없기 때문이다. 사정
이 이러한데 수질 문제만 검토한 환경부에 사업 타당성이나 공사
지속 여부에 대한 판단을 요구한 것 자체가 무리일 수밖에 없었다.
국무총리실이나 농림부에서 가만있을 리 없다는 것도 불을 보듯
뻔했다. 그러나 새만금에 대한 김 장관의 일관된 '입장 유보'는, 정
부 내 국무위원으로서 어려운 입장 때문이었겠지만 '정부 내
NGO'를 기대한 환경 단체를 실망시켰다. ＿＿＿＿ 정정화 한국일보 기자

환경 장관, 아무나 하나

　　한국에서 환경 전문가는 환경부장관이 되기가 쉽지 않다. 환경
부장관이 되려면 먼저 국회 의원이 되는 것이 낫다. 지난 1990년

환경청이 환경처로 승격, 장관 부처가 된 이후 모두 열세 명의 장관이 임명됐다. 환경처장관이 여섯 명, 환경부장관이 일곱 명이다. 그러나 그 가운데 환경 전문가로 꼽을 수 있는 인물은 단 한 사람도 없다. 대부분이 정치인, 정치적으로 임명된 인사, 내무·경제 관료 출신이다.

▶ 역대 환경부장관

김중위 초대 환경부장관부터 김명자 현 장관에 이르기까지 일곱 명의 역대 장관 가운데 다섯 명이 정치인이다. 〔표 참조〕

김중위 장관은 김영삼 전 대통령이 신한국당 대통령 후보였던 시절 정무보좌역을 맡았고, 정종택 2대 환경부장관은 민자당 당무위원과 교육연수원장을 지냈다. 강현욱 장관은 1996년 4월 제15대 국회의원선거에서 여당인 신한국당 후보로 야당세가 강한 전북 군산 을 선거구에 출마, 당선됐다. 당시 호남의 전체 선거구에서 신한국당 후보로는 강 장관만이 유일하게 당선됐으며, 그것이 환경부장관 발탁의 주요한 원인이 됐다. 윤여준 장관은 김영삼 대통령의 공보수석을 하다가 '문민 정부'의 마지막 환경부장관으로 임명됐다. 윤 장관의 임명은 김 대통령이 임기 말에 공보수석을 맡아 고생하던 윤 수석을 배려한 측면이 강하다. '국민의 정부'에 들어서는 최재욱 자민련총재 특별보좌역이 첫 환경부장관으로 임명됐다. 대통령 선거 당시부터 국민회의와 자민련이 각료를 반분하기로 합의했는데, 환경부가 자민련 몫으로 분류됐던 것이다. 6대 장관인 연극인 손숙 씨의 임명도 여성 장관을 기용하기 위한 김대중 대통령의 정치적 발탁이었다.

환경부장관 가운데 정치인 출신이 많은 것은 대통령이 개각을 할 때 환경부의 전문성을 그다지 고려하지 않기 때문이다. 김영삼 대통령 당시 청와대에 근무했던 한 관계자는 환경부장관의 임명과 관련, "환경 장관에 적합한 인물을 찾은 것이 아니라, 장관 자리를 줘야 할 사람에게 환경부를 줬다고 할 수 있다"고 말했다.

김대중 대통령은 그나마 전문성을 반영하려는 노력의 흔적을 남겼다. 정부는 손숙 씨를 장관에 임명하면서 "국내의 대표적 환경 단체인 환경운동연합의 공동 대표를 맡았다"고 경력을 내세웠다. '돈봉투 사건'으로 단명한 손숙 씨로부터 장관직을 이어받은 김명자 장관은 역대 환경 장관 가운데서는 비교적 전문가라고 할 수 있다. 숙명여대 화학과 교수 출신인 김 장관은 취임 전 경실련 환경개발연구센터 연구위원, 한국천주교정의평화위원회 환경자문위원, 환경부 환경보전실무대책위원 등을 지냈다.

▶ 역대 환경처장관

역대 환경부장관들에 비해 환경처 시절의 장관들 가운데는 관료 출신이 많았다. 여섯 명 가운데 네 명이 관료 출신이다. 역대 정권에서 부의 장관은 정치인 임명이 많았고, 처의 장관은 관료 출신들이 많았다. 같은 장관이지만 부의 장관은 대통령 직속이고, 처의 장관은 총리의 관할을 받는다.

역대 환경 장관들

이름	학력	재임 기간	장관 임명 전의 주요 직책	장관 퇴임 후 직책
김중위	양정고, 고려대 정외과 석사	1994.12~ 1995.12	12, 13, 14대 국회의원	15대 국회의원, 한나라당 당무위원
정종택	청주고, 서울법대 행정과	1995.12~ 1996.12	내무부 기획관리실장, 충북지사, 노동청장, 농수산부장관, 11, 12, 13대 국회의원, 정무1장관	충청대 학장, 민주당 당무위원
강현욱	군산고, 서울대 외교학과	1996.12~ 1997.8	경제기획원예산실장, 전북도지사, 동자부차관, 경제기획원 차관, 농림수산부장관, 15대 국회의원	한나라당 당무위원, 16대 의원, 민주당 당무위원
윤여준	경기고, 단국대 정치학과	1997.8~ 1998.3	동아일보, 경향신문 기자, 국회의장공보비서관, 안기부3특보, 청와대 대변인	한나라당 여의도연구소장, 16대 의원
최재욱	경북고, 영남대 법학과	1998.3~ 1999.5	동아일보 기자, 경향신문 사장, 청와대 대변인, 13,14대 의원, 자민련 총재특별보좌역	자민련 당무위원, 국무조정실장
손 숙	풍문여고, 고려대 사학과	1999.5~ 1999.6	연극인, 방송인, 환경운동연합 공동대표	웨딩채널 대표이사
김명자	경기여고, 서울대 화학과, 버지니아대 화학박사	1999.6~?	숙명여대 화학과 교수, 민주평통 자문위원, 국가과학기술자문회의 자문위원, 경실련 지도위원	

　　조경식 초대 환경처장관은 경제기획원 출신으로 교통부차관을 지내다 장관에 발탁됐다. 허남훈 장관은 재무부 이재국에서 공직 생활을 시작해 상공부, 동력자원부, 청와대 등을 거쳐 공업진흥청 장, 상공부차관을 역임했다. 권이혁 장관은 직업이 장관이라고 할 정도로 장관직을 여러 번 하고 오래 했다. 서울대병원장을 지낸 권 씨는 1983년 10월부터 1985년 2월까지 문교부장관을 맡았고,

1988년 2월부터 12월까지 보건사회부장관을 지낸 데 이어 1991년에 환경부장관에 임명됐다. 허남훈 장관이 낙동강 페놀 오염 사태로 갑자기 물러나자 사태를 진정시키기 위해 경륜 있는 인사를 발탁한 것이다. 이재창 장관은 내무 관료 출신으로 경기도지사를 지내다 발탁됐다. 이 장관은 그에 앞서 지난 1989년 제6대 환경청장을 맡은 바도 있다.

황산성 장관은 변호사 출신으로 국회 의원과 시민 단체, 언론계, 여성계 등에서 활발한 활동을 벌이다 발탁됐다. 김영삼 대통령의 정치적 임명이었다. 6대이자 마지막 환경처장관인 박윤흔 장관은 법제처 법제관으로서 공직 생활을 하다가 1988년부터 경희대 법학과 교수를 지냈다. 한국환경법학회장을 지낸 경력이 있다. 박장관은 1993년 12월 이회창 감사원장이 국무총리로 발탁되면서 황영하 총무처장관과 함께 입각한 인물로 알려져 있다. 말하자면 총리의 정치적 임명이었던 셈이다. ＿＿ 이도운 대한매일 기자

환경 장관은 여성 몫

지난 2000년 11월 네덜란드 헤이그에서 열린 기후변화협약 제6차 당사국 회의. 연설에 나선 115개국 대표들 가운데는 여성이 무려 스물한 명이었다. 여성 대표 가운데는 한국의 김명자 환경부장관을 비롯해 일본의 가와구치 요리코川口順子 환경청장관, 마곳 웰스트룀 유럽연합(EU) 환경위원장 등이 눈에 띄었다. 노르웨이, 아

이슬란드, 불가리아, 핀란드, 이집트, 멕시코, 엘살바도르, 튀니지, 방글라데시, 남아프리카 공화국, 베네수엘라 등의 환경 장관도 여성이 맡고 있었다. 대표 연설은 하지 않았지만 도미니크 부아네 프랑스 환경 장관도 회의장을 지켰다.

각국의 환경 정책을 마련하고 펴 나가는 여성들의 파워가 만만치 않다. 한국의 경우 길지 않은 환경처-환경부 10여 년 역사에 세 명의 여성 장관이 나왔다. 지난 1999년 6월에 환경부장관에 임명된 김명자 장관은 역대 환경부장관 가운데 최장수를 누리고 있다. 2001년 출범한 미국의 조지 W. 부시 대통령도 환경보호청(EPA)의 책임자로 여성인 크리스틴 휘트먼 뉴저지 주지사를 발탁했다. 휘트먼 청장은 뉴저지주 헌터돈 카운티에서 자라 1968년 매사추세츠 휘턴 칼리지를 졸업했고 1993년 뉴저지 최초의 여성 주지사로 선출됐다. 휘트먼 환경보호청장은 주지사 당선 이후 깨끗한 공기와 물, 토양을 위한 환경 기준을 강화했다. 이에 따라 지난 1988년 연방대기환경 단위 시간당 기준을 초과한 횟수가 45회에 이르렀으나 2000년에는 4회로 뚝 떨어졌다.

하지만 환경보호청장에 임명된 후 휘트먼이란 존재는 부시 정부 하에서 거의 눈에 띄지 않고 있다. 무엇보다 석탄석유업계의 지원으로 선거에서 어렵게 이긴 부시 정부가 세계 각국의 정부와 환경 단체의 심한 비난에도 지난 1997년 지구 온난화 방지를 위해 온실 가스를 감축하기로 한 교토의정서를 이행하지 않겠다고 밝히고 나섰지만, 휘트먼 청장은 입을 다물고 있다. 휘트먼 청장은 뉴저지

주지사 시절 별도의 온실 가스 감축 계획을 마련하기도 했었다. 하지만 부시 정부는 '에너지 위기'를 강조하면서 알래스카 등 자연 보전 구역으로 지정된 곳에서까지 석유를 캐내겠다고 밝히고 나서 휘트먼 청장의 운신의 폭을 좁히고 있다.

이에 앞서 모리 요시로森喜朗 일본 총리는 지난 2000년 7월 환경청 장관에 민간인 출신의 여성인 가와구치 요리코를 발탁했다. 가와구치는 통산성에서 오랫동안 통상 문제를 담당한 여성 통산 관료로 주미공사를 거쳐 지구 환경 문제 담당의 관방심의관을 끝으로 퇴직하고, 지난 1993년부터는 민간 회사인 산토리의 상무로 일해왔다. 최근에는 일본의 환경청이 환경성으로 승격돼 더 큰 역할이 기대되고 있지만, 오랜 관료 생활과 민간 부문의 경험을 바탕으로 목소리를 높이기보다는 조용조용 일을 처리하는 스타일로 알려져 있다.

여성 환경 장관들 가운데 가장 제 목소리를 내는 장관은 누가 뭐라 해도 프랑스의 도미니크 부아네이다. 지난 1997년 정권 교체를 통해 집권한 좌파 내각에서 환경 장관으로 등용된 40대 초반의 부아네 장관은 녹색당 당수로 지난 1995년 대통령 선거에 출마하기도 했다. 평범한 교사 집안 출신으로 열여덟 살에 환경 운동에 투신한 부아네는 비정부 기구(NGO)인 '자연보호협회'와 '지구의 친구들'에서 활동하며 남태평양 핵실험 반대 운동 등을 주도해오다 1987년 프랑스 녹색당을 창당했다. 대학에서 의학을 전공했고, 한때 마취과 의사로 일하기도 했다.

1997년 총선 때 녹색당과의 연대에 힘입어 재집권에 성공했던 일종의 정치적 빚 때문에 프랑스 좌파 정부 내에서도 부아네의 입김은 강할 수밖에 없었다. 부아네 장관은 '환경 및 국토 개발 장관' 이라는 타이틀을 십분 활용해 취임 직후 라인 강과 론 강을 잇는 초대형 운하 건설을 취소시키고 드골 공항 활주로 확장이나 고속도로 건설에도 제동을 걸었다. 또 1997년 총선 때 내건 공약대로 차세대 프랑스 원자력 기술의 상징이 될 거대 원전 발전소 '쉬페르페닉스'의 보수 건설을 전면 중단시키며 폐쇄를 선언했고, 서부 대서양 연안 카르네에 건설할 예정이던 원전 계획을 철회시켰다. 이 때문에 원자력 종사자들과 이로 인한 대량 실업을 우려하는 노조들이 크게 반발하여 대규모 시위가 발생하기도 했다.

파격적인 정책 수행으로 높았던 부아네의 대중적인 인기도 노동자들의 반발과 산업계 등과의 마찰을 겪으면서 많이 수그러들었다. 당장 2001년 3월에 있었던 지방 선거에서 돌 시장에 출마한 부아네는 1차 투표에서 현 시장인 우파 후보에게 과반수 득표를 빼앗겨 낙선했다. 부아네는 그해 여름 녹색당 후보로 대통령 선거에 출마하기 위해 장관직을 그만뒀다.

이처럼 각국의 환경 장관을 살펴보면 환경 장관을 꼭 여성이 맡아야 한다는 주장이나 여성 장관이 환경 정책을 더 잘 수행한다고 잘라 말하기는 어렵다. 하지만 여성이 가진 특유의 자상함과 섬세함이 망가진 자연을 잘 보듬고 쓰다듬을 것이라 기대하는 것이 무리는 아닐 것이다. ____ 강찬수 중앙일보 환경전문기자

2 ___ 환경청 씨와 130D

130D

1988년 이○○ 환경청장 시절이다.

그해에 국정 감사가 부활됐다. 9월에 열린 국정 감사를 대비해 환경청 공무원들은 몇 달 전부터 준비로 부산했다. 이 청장의 별명이 '면도칼' 인 데서 짐작할 수 있듯이 한치의 소홀함에도 불호령이 떨어지기 때문이었다. 당시 잠실 환경청 청사(지금은 연금관리공단 본부 청사) 회의실에서는 첫 국감답게 긴장의 연속이었다. 의원들의 질의를 마치고 청장의 답변 준비가 이어졌다. 부하 직원들이 써준 답변서를 읽고 있던 이 청장이 갑자기 뒤를 돌아보며 하는 말.

"130D가 뭐야?"

"……"

부하 직원들은 무슨 말인지를 몰라 당황하는 빛이 역력했다. 당시 수질제도과(현재 수질정책과) 윤서성 과장(현 환경정책평가연구원장)이 벌떡 일어나 이 청장이 들고 있던 답변서를 들여다봤다.

"130D가 아니라 BOD입니다."

그러자 이 청장의 표정이 일그러졌다.

아무리 환경에 대한 관심이 낮은 시대라고는 하지만 환경의 ㄱㄴㄷ인 BOD를 130D로 읽었으니 면목이 없을 만도 했다. 확인은 안 됐지만 아마도 그날 저녁 그 답변서를 휘갈겨 쓴 직원은 면도칼 청장에게 한참 혼쭐이 났거나 적어도 혼자서 일그러진 청장의 화난 얼굴을 떠올리며 마음 고생깨나 했을 것이다.___ 이정윤 일간보사 기자

때릴수록 커진다

환경부는 중앙 정부 부처 사이에서 요즘 젊은 세대들의 말로 '왕따'로 통한다. 그러나 행복한 왕따다. 왕따라 함은 힘이 없거나 '백(배경)'이 없어서 괴롭힘을 당하는 것을 뜻하지만 환경부의 경우는 최근 환경에 대한 중요성이 강조되면서 오히려 힘이 점점 세지고 있어 왕따를 당하는 경우다. 환경부가 그만큼 환경 보전을 위해 건설교통부와 농림부 등 개발 부처의 무분별한 사업에 제동을

걸고 있다는 뜻이다. 그래서 환경부는 보통 '정부 속의 NGO'라고도 불린다.

환경부는 올해 탄생 21년을 맞은 청년 조직이다. '환경'이 처음으로 행정의 영역에 들어간 것은 지난 1967년 보건사회부(현 보건복지부)에 직원 네 명으로 환경위생과가 신설되면서부터다. 이후 1980년 1월 환경청으로 독립한 뒤 1990년 1월 장관 부처인 환경처로 올라섰으며, 1994년에는 부로 승격됐다. 환경부 승격 당시만 해도 다른 중앙 부처에서 환경부를 철저히 홀대했다. 환경에 대한 국민 의식이 형성돼 있지 못한 데다 '개발 논리'가 '환경 논리'보다 훨씬 우세하던 때였기 때문이다. 그러나 1990년대 후반으로 접어들면서 사정은 180도 달라졌다. 환경 단체들이 새만금 간척 사업과 동강 댐, 경인 운하 등 중요한 국책 사업에 제동을 걸고 나섰고, 환경부도 이에 힘입어 제 목소리를 조금씩 내기 시작한 것이다.

환경부와 다른 부처가 갈등을 빚는 사례는 비일비재하지만 한 예로 '시화호 담수화 완전 백지화' 사건을 보자. 2000년 2월 초 정부가 시화호 담수화 완전 포기를 사실상 결정해놓고 여론의 비난을 우려하여 발표를 하지 못하고 있던 차에 환경부가 일방적으로 언론을 통해 자료를 배포했다. 환경부는 새만금 간척 사업 최종 발표(당초 2월 중순 발표될 예정이었으나 각계 각층의 반대로 연기됐다)를 앞두고 어떻게 해서든지 시화호 문제를 매듭짓고 싶었다. 그런데 경기도 안산시와 시흥시, 화성군 등 3개 시군에 걸쳐 있는 시화호의 수질이 지난 1994년 방조제 축조 이후 화학적산소요구량

(COD)이 최고 26ppm까지 올라갈 정도로 급속히 악화하자 정부는 할 수 없이 담수화를 포기하고 바닷물을 유통시키기로 결정한 것이다. 정부 스스로 정책 실패를 자인한 셈이었다.

시화호 문제가 언론에 터진 2월 12일 주무 부처인 건교부는 발칵 뒤집혔다. 건교부의 한 고위 간부는 그날 오후 환경부 고위 간부에게 직접 전화를 걸어 "환경부 혼자만 살자는 건가? 이러면 곤란한데……" 하면서 협박성 항의까지 했다고 한다.

환경부는 새만금 간척 사업을 놓고 총리실 및 농림부와 일전을 벌여야 했다. 총리실과 농림부는 어떻게 해서든지 1조 원 이상이 들어간 새만금 간척 사업을 강행하려는 입장이었지만 환경부가 '수질 기준 부적합'을 내세우며 발목을 잡고 있는 형국이었다. 이 때문에 농림부 공무원들은 "환경부 때문에 아무것도 못하겠다" "환경부도 정부 부처인데 마치 자기네가 NGO나 되는 것처럼 행동한다"는 비난을 공공연히 하고 다녔다.

환경부가 국책 사업에 제동을 건다는 것은 불과 3, 4년 전만 해도 상상도 못할 일이었다. 그러나 환경부는 그동안 여론과 언론의 질타 및 지원을 받으면서 꾸준히 성장해왔다. 환경부는 부서 특성상 때리면 때릴수록 커지는 속성을 갖고 있다. 행정자치부나 건교부 등 다른 부처의 경우 그 부처와 관련된 문제점을 지적하면 마땅히 그 부처가 혼쭐나지만 환경부는 정반대다. 환경부의 자료가 기사화되면 환경부가 '깨지는' 것이 아니라 건교부와 농림부 등 다른 부처가 엉뚱하게 혼쭐난다. 환경부는 오히려 힘을 받게 된다.

백두대간 난개발 문제가 대표적인 예다. 백두대간 곳곳이 파헤쳐지고 온천과 스키장 등이 마구잡이로 들어서 훼손 상태가 심각한 지경에 이르렀다고 할 경우(실제로도 그렇다), 그 불똥은 백두대간을 제대로 보전하지 못한 환경부가 아니라 마구잡이 개발을 일삼은 개발 부처로 튄다.

앞으로 환경부의 힘은 갈수록 세질 것이고, 세지는 만큼 개발 부처와의 갈등도 많을 것이다. 환경부와 개발 부처와의 갈등은 이해 관계가 상충되는 만큼 어쩌면 당연하고도 바람직하다. 지금의 '건설적인 갈등 관계'가 바람직한 방향으로 계속 발전하려면 환경부의 노력과 함께 개발 부처의 친환경적인 개발 마인드가 무엇보다 중요하다. ___ 심인성 연합뉴스 기자

왕따당하는 환경부

정부 내에서 환경부는 좀 이색적인 존재다. 특히 개발 관련 부처인 건설교통부나 농림부 관리들은 "환경부는 참 문제가 많은 동네"라는 말을 수시로 되뇐다. 국가 정책이란 것이 여러 가지 측면을 고려해야 하는데 환경부는 '자연 보호'라는 좁은 시각에만 매달려 일을 어렵게 만든다는 것이다. 예를 들어 도로를 건설하기 전에 환경 영향 평가를 한다고 석 달씩 시간을 끌어놓고 나서 "주변 환경을 해치지 않도록 주의해서 공사를 시행하라"는 식의 어이없는 결론을 내놓는다는 것이다. 또 환경부가 시민·환경 단체에는 '꼼

짝못하고' 그들이 요구하는 대로 정책을 수행한다는 지적도 있다.

지난 2000년 정부는 논란이 많은 새만금 사업에 대한 결론을 도출하기 위해 국무조정실과 환경부, 건설교통부, 해양수산부, 농림부, 전라북도 등 열두 개 관계 부처와 기관으로 구성된 수질개선기획단을 구성, 의견을 조율했다. 대부분의 부처와 기관이 이미 수조 원이 들어간 사업을 중단할 수는 없다는 입장이었다. 환경 영향을 최소화하면서 사업을 계속해야 한다는 쪽으로 의견을 모아갔다. 환경부도 공식적으로 새만금 사업에 반대하지는 않았다. 그러나 간척지에 조성되는 호수의 수질 문제를 거론하며 간접적으로 반대 의사를 표시했다. 내부적으로는 간척 사업을 중단해야 할 뿐만 아니라 이미 건설된 방조제도 해체하여 원상 회복해야 한다는 인식을 갖고 있었다. 그걸 아는 농림부와 전라북도 등에서는 "환경부가 시민 단체 대변인이냐"면서 분통을 터뜨렸다. 또 "어차피 환경부 의견은 12분의 1에 지나지 않는다"며 수의 힘으로 누르려는 태도를 보였다.

2001년 2월 정부는 경의선 철도 복원 구간의 역사驛舍 건설 문제를 논의하기 위해 관계 부처 회의를 가졌다. 회의에는 통일부와 국방부, 건설교통부, 철도청 관계자가 참석했다. 환경부도 경의선 복원이 비무장 지대 환경에 어떤 영향을 미치는지를 공식적으로 조사하고 있었기 때문에 당연히 회의에 참석해야 했는데 빠졌다. 아예 회의 개최 사실 자체를 몰랐다. 회의가 끝난 뒤 결과만 통보받은 환경부 담당자는 당혹스러운 표정으로 "왜 연락이 안 왔지……" 하며 말끝을 흐렸다. 나중에 알고 보니 "환경부가 끼면 얘기가 복잡해지니 일단 우리끼리 결정해보자"며 왕따를 시켰던 것이다.

환경부는 업무 성격상 다른 부처들과는 시각이 다르다. 건설교통부, 농림부를 비롯한 대부분의 부처는 가급적 개발 사업을 벌이려고 한다. 그래야 예산도 많이 나오고 자리도 늘어난다. 그러나 개발은 환경 파괴와 연결되기 때문에 환경부로서는 조심스러울 수밖에 없다.

환경부도 왕따당하는 분위기를 조금은 감지하고 있다. 2001년 시무식에서 김명자 환경부장관은 '경제를 살리는 환경 정책'을 수행하겠다고 천명했다. 그러나 말은 좋지만 경제 개발과 환경은 아직 정비례가 아니라 반비례 쪽의 관계에 있다.

어차피 모든 정부 기관에는 각자가 맡은 고유의 역할이 있다. 문제는 정부 내에서 이런 다른 역할과 이견을 조율할 수 있는 조정력이다. 현재 국무총리 직속인 국무조정실이 그 역할을 맡고 있지만 차관 회의를 주재하는 국무조정실장이 장관을 상대로 강력한 조정력을 행사하지 못한다. 그래서 정부 부처들은 다른 부처와 의견이 다르면 각자의 이익을 위해 '언론 플레이'도 하고, 상대방을 공격하기도 한다. 그것이 적당하면 창조적 긴장 관계가 되는 것이고, 정도를 넘으면 추한 밥그릇 싸움이 되고 마는 것이다.

_____ 이도운 대한매일 기자

업체 편드는 환경부

2000년 10월 9일 오전 11시, 녹색연합 관계자들이 갑자기 환경부 기자실을 찾았다. 예고에 없던 터라(물론 기자실과는 사전에 이야기가 됐다) 환경부 공보관실은 적잖이 놀랐다. 더욱이 "환경부의 환경오염업소 단속 결과 발표 자료가 엉터리"라는 녹색연합의 주장은 환경부를 더욱 당황스럽게 했다. 환경부로서는 링에 오르자마자 '강편치'를 한 대 맞고 정신이 나간 상태에 놓인 셈이었다.

녹색연합의 주장은 지난 1997년부터 1999년까지 3년치 환경오염업소 단속 결과 발표 자료를 정밀 분석한 결과 최근 2년 간 적발 및 조치를 받은 업체 907개 가운데 34.5%인 313개 업체가 적발 대장에 누락돼 있는 것으로 드러났다는 것이 골자다. 더욱이 44개 업체는 4년 이상 연속 적발됐음에도, 적게는 1년에서 최고 4년까지 환경부 공식 자료 가운데 '최근 2년 간 적발 및 조치 사항란'에 누락돼 있는 것으로 분석됐다는 것이다.

환경부로서는 기가 막힐 노릇이었다. 기자실에 있던 신현국 공보관(경인지방청장을 지냈다)은 흥분한 나머지 "아무리 환경 단체라지만 근거도 없이 그런 터무니없는 주장을 하면 안 되지" "그런 일은 절대 있을 수 없다" "사실이 아닌 것으로 밝혀지면 환경부로서도 가만히 있지 않겠다"는 등의 발언을 연발했다. 녹색연합 김타균 정책실장도 즉각 "우리가 몇 개월에 걸쳐 조사한 것으로, 환경부의 발표 자료는 분명히 문제가 있다"며 되받아쳤다.

사안이 다소 민감했던지라 기자실은 일단 녹색연합과 환경부의 입장을 모두 존중, 자료를 충분히 검토할 수 있는 여유를 주었다. 그러나 일주일 후인 12일 환경부는 녹색연합에 완패했다. 당시 담당 국장이던 이규용 수질보전국장은 12일 오후 2시 기자 회견을 통해 자체 조사 결과 다소 차이는 있지만 적발 업소가 누락됐다는 사실을 시인했다. 그리고 "환경오염업소 단속 기관이 지자체와 환경감시대를 포함해 다섯 개에 달하는 데다 아직까지 수작업으로 처리되고 있어 상부에 보고하는 명단에는 빠지는 경우가 종종 있다"면서 "그러나 이는 행정상의 실수로 적발 업체들은 모두 행정처분을 받았다"고 해명했다.

환경부는 이후 단속 업무의 객관성 및 투명성을 보장하기 위해 환경오염업소 단속시 민간 전문가들을 포함시키는 방안을 적극 검토하겠다고 약속했다. 한편 기준을 위반한 먹는샘물업체의 공개 여부 또한 '업체 봐주기' 의혹을 받기에 충분했다.

일반적으로 환경부는 먹는샘물의 수질 상태를 주기적(보통 6개월 단위)으로 점검하여 보도 자료 형식을 통해 국민에게 공개한다. 2000년 1월부터 6월까지의 점검 결과(2개 업체 적발)는 두 달 후인 8월에 발표됐으며, 같은 해 11월 6일부터 24일까지 강원과 충남·북, 울산, 경남 등 5개 시도의 먹는샘물 제조업체 35개에 대한 특별 점검 결과(10개 업체 적발)는 이듬해 3월 초 공식 발표됐다.

그러나 환경부는 2000년 하반기 단속 결과는 공식적으로 발표하지 않은 채 환경부 홈페이지를 통해서만 슬쩍 '공개'했다. 문제는 일반적으로 중소 업체가 적발되는 것과는 달리 그 당시 점검에서는 풀무원샘물(주)의 '풀무원샘물'과 제일제당의 '스파클(스파클은 2000년 말 제일제당에서 계열 분리됐다)'이 적발됐다는 것이다. 먹는샘물의 대표 주자격인 풀무원샘물과 스파클이 언론에 공개되면 회사로서는 치명타를 입을 것이라는 사실은 자명하다.

당시 담당 과장인 C 씨는 "일반적으로 홈페이지에 띄운다는 그 자체가 공개하는 것이기 때문에 특별히 보도 자료를 발표하지 않았다"고 뒤늦게 해명했으나 아무래도 석연치 않았다. 환경부의 해명과 업체들의 치열한 로비에도 불구하고, 이 기사는 결국 2001년 1월 29일 석간 신문과 30일 조간 신문에 큼지막하게 실렸다.

환경부는 위의 두 사안에 대해 나름대로 해명을 했지만 이를 100% 그대로 믿는 사람은 아무도 없다. '공무원과 업자가 유착했다'고 함부로 말할 수는 없지만 그렇다고 완전히 '그렇지 않다'고 말할 수도 없는 것이 작금의 형편이다. 물론 과거에 비해 모든 것이 한결 깨끗해지고 좋아졌다. 그러나 아직도 국민들은 일부 공무원들에 대해 많은 의혹의 눈길을 보내고 있는 것이 사실이다. 공무원들 스스로가 투명하고 책임 있는 행정을 펼쳐 국민들의 신뢰를 회복하는 것이 절실하다는 생각이다. ___ 심인성 연합뉴스 기자

여론이 뜰 때까지 기다려라

사례 1 "건설업체 무릎만 꿇게 하면 상수원 수질이 깨끗해집니까? 건축 허가를 내줄 때는 언제고, 이에 와서 무조건 항복하라고

하는 정부를 도대체 믿을 수가 없습니다."

건설업체들이 팔당 상수원 구역에 고층 아파트를 건축하는 문제로 여론이 비등하던 2000년 7월 초, 환경부 기자실이 아침부터 대정부 성토장으로 변했다. 프라임산업 등 다섯 개 건설업체 대표들이 기자실에 찾아와 그동안 쌓였던 울분을 한껏 토해냈다. 합법적인 절차를 거쳐 건축 허가를 내줄 때는 언제고 환경 단체들이 수질 오염을 이유로 반발하자 뒤늦게 여론을 등에 업고 업체를 몰아세우는 환경부를 비난하고 나선 것이다.

사례 2 같은 해 2월 15일 아침 환경부는 이해할 수 없는 발표를 한 가지 했다. 울릉도 난개발에 대한 실태 조사를 벌여 환경 영향 평가와 사전 환경성 검토를 거치지 않은 2개 사업장을 적발해 공사 중지 명령을 내린 것이다. 보도 자료가 이상했던 것은 중지 명령을 받은 2개 도로 공사가 이미 끝나가고 있었고, 환경도 훼손될 만큼 훼손됐기 때문이다. 해안 일주 도로의 일부인 울릉도 남양-태하 구간(4.37km)은 5년여 전인 1996년 9월부터 공사를 벌여 공정의 89%가 끝난 상태로 조만간 개통을 앞두고 있었다. 내수전-죽암간 (1.64km) 도로는 벌써 해안 절벽을 깎아내리고 비탈면 녹화 작업과 일부 포장 공사만 남아 있는 것으로 확인됐다.

환경부 관계자는 "파헤쳐진 산을 원상 복구할 수는 없지만 경사면 처리 등 마무리 공사만이라도 '환경 친화적'으로 하라는 뜻에서 중지 명령을 내렸다"고 설명했다. 울릉군이 환경 영향 평가를 받지 않기 위해 일주 도로 공사 구간을 4km 미만으로 쪼개는 방식을 썼다는 책임 전가도 빼놓지 않았다. 군사 시설에 대한 대처도 사후약방문事後藥方文이었다. 천연 기념물 제189호인 성인봉 원시림 인근의 나리 분지와 말잔등에는 4년 전에 레이더 기지와 케이블카 등 군사 시설이 들어서 이미 5만 3,495m²의 환경이 훼손된 상태였다. 그런데도 환경부는 뒤늦게 사전 환경성 검토를 이행할 것을 촉구하고 나선 것이다.

이러니 언제나 '장이 파할 무렵' 나타나는 게 환경부의 배역이라는 환경 단체의 비아냥을 듣는다. 이번에도 환경부측의 어김없는 대사는 "엄청난 전국의 환경 훼손 현장을 일일이 사전에 단속할 손이 없다"는 것이었다. 공사가 끝난 뒤에서야 뒷북치는 중지 명령으로 어떻게 국토를 보전할 것인가.

사례 3 여론을 무마하기 위한 총리실의 행태도 영락없이 닮은 꼴이다. 2001년 3월 19일 오후 5시 환경부 공보관실. 출입 기자들이 대부분 소속사로 복귀한 시간에 갑자기 직원들이 부산해졌다. 이날 오전 새만금 사업을 강행한다는 방침을 사실상 결정한 국무총리실이 갑자기 "출입 기자와 공무원들로 조사단을 구성해 일본, 네덜란드 등 선진국 간척지를 시찰하도록 하라"는 '지침'을 보내왔기 때문이다.

다음날 오전까지 참가 기자 1명을 선정해 달라는 요청을 받은 공보관실은 부산하게 기자들을 상대로 의사를 타진했지만 반응은 시큰둥했다. 같은 시각 해양수산부와 농림부에도 같은 요청이 전달됐다. 이들 3개 부처 관계 공무원과 출입 기자 10여 명을 3월 26

일부터 7박 8일 일정으로 해외에 파견한다는 요지였다. 다음날 오전 환경부 출입 기자단은 조사단에 기자들을 포함시키는 것은 들러리 노릇이나 하라는 것이라며 동행을 거부했다. 물론 이 계획은 무산됐다. 환경부의 한 공무원도 "수년 동안 논란이 일 때는 조용하다가 갑자기 자기 부처 예산으로 외국에 다녀오라는 저의가 무엇이냐"며 고개를 내저었다.

시찰단 파견 명분은 선진국의 친환경적인 간척 사례를 둘러보도록 한다는 것이다. 하지만 속셈은 새만금 사업 강행에 대한 부정적인 여론을 무마하기 위한 것이라는 게 불을 보듯 뻔했다. 사업에 대한 공식 입장 발표를 한 달 연기한 의도도 분명해졌다. 시화호 담수화 포기로 비등해진 여론을 그동안에 잠재워보겠다는 것이다. 민관공동조사단조차 결론을 내리지 못했고, 환경부, 해양수산부 등 관계 부처도 부정적인 입장을 피력하고 있는 가운데, 총리실은 이상한 방향의 홍보에만 열을 올린 셈이다. 새만금의 수질 개선과 갯벌 보전 등 난제가 산적한 마당에 엉뚱한 데 힘과 예산을 쏟는 것이 우리 행정의 현주소다. ____ 정정화 한국일보 기자

지방청장은 유배지

"김 과장, 오늘 나하고 저녁이나 하지."

"청장님 죄송합니다. 오늘 아버님 제사가 있는데요."

"그래? 그럼 박 사무관은 어때?"

"청장님 감사합니다만, 큰애 생일이라서 저녁 같이 하기로 했는데요."

환경청장으로 부임한 후 줄곧 저녁이나 술자리를 같이하던 부하 직원들이 한 달쯤 지나면 슬슬 핑계를 대기 시작한다.

환경부에는 여덟 곳에 지방환경청장이 있는데 한강·낙동강·금강·영산강 청장은 본부 국장급인 2급 공무원이 임명되고, 대구·원주·경인 청장은 3급 그리고 전주 청장은 본부 과장급인 4급이 보임된다. 지방청장으로 발령 나면 자녀들의 교육 문제 등 때문에 대개 혼자 내려가 관사에서 지낸다. 부임 초기에는 혼자 지내기에 익숙지 않은 탓에 보통 부하 직원들이 저녁이나 술자리 '사역'을 당한다. 1주일이 지나고 한 달쯤 되면 청장님의 지엄하신 '하명'에 '약효'가 떨어진 탓일까. 갑자기 부모님 제사 핑계, 아들딸 생일 핑계 등을 대는 바람에 환경청장은 더 외로움을 탄다. 업무 파악이나 지역 유지들에 대한 인사가 끝나는 부임 한 달쯤 지나면 지방청장들은 부하들로부터 '독립'해야 할 시기다. '혼자서도 지낼 수 있는' 자기 관리가 필요한 시점인 것이다. 자기 관리 부실은 흔히 건강 악화로 이어진다.

지금보다 경쟁이 덜한 7~8년 전만 해도 지방청장들은 퇴근 후 시간을 주로 술자리로 때우곤 했다. 1991년 낙동강 페놀 사건으로 환경청장의 몸값이 치솟을 무렵이어서 공장을 꾸리는 지역 상공인들의 면담 신청이 줄을 이을 때다. 이런 저런 이유로 술판이 자주 벌어지곤 했다. 1992년에 부임한 김 모 원주지방청장은 술을 좋아하는 탓에 퇴근 후엔 맨날 술을 마시다 결국 탈이 났다. 3일 동안 원주기독병원에 입원 신세를 지고 나중엔 눈치가 보여 담당 의사가 청사로 왕진을 다니기도 했다. 김 청장의 술병은 적적한 관사에서 맨날 혼자 지내는 것이 쉬운 일이 아니지만 그렇다고 술에 지나치게 의존하는 일은 바람직하지 않다는 교훈을 준다.

지방청장이 모두 술에 의지하는 것은 아니다. 이 모 청장은 대학 때부터 소원이었던 색소폰 연주를 금강청장 재직시 과외로 배워 수준급의 연주자가 되었다. 지금은 공직을 떠났지만 그는 요즘도 회삿일이나 개인적인 일로 술접대를 할 때는 꼭 본인의 색소폰 연주 실력을 보여준다. 현재 수도권 지역의 지방청장으로 재임하고 있는 모 씨는 6년 전 전주지방청장 시절 기체조를 배워 지금도 톡톡히 덕을 보고 있다. 그는 지방청장 부임 전에 허리가 좋지 않아 오랫동안 한의원 신세를 졌는데 전주에서 일과 후 틈틈이 배운 기체조로 허리 통증도 없애고 몸도 가볍게 만들었다고 한다.

5~6년 전에 비해 지방환경청장이 수행해야 할 환경 업무량이 많아지고 지역 여건도 많이 달라졌지만 여전히 저녁 시간은 청장들의 고민이 되고 있다. 일부 청장들은 친한 부하 직원을 관사로 불러 외로움을 달래기도 한다. 부족한 어학 공부나 꾸준한 운동 등으로 자신을 계발하기 위해서는 아무래도 진취적인 사고와 행동이 필요한 것 같다. _____ 이정윤 일간보사 기자

'환경청' 씨

국책 사업인 새만금 간척 사업을 '정직한' 수질 예측 결과로 제동을 건 데는 환경 단체의 덕도 있지만 동강댐이 '동강' 날 정도로 환경부 위상이 높아진 것도 한몫했다. 그러나 지난 1980년대 중반, 정부의 환경 담당 부처로 환경청이 막 승격했을 때의 일이다. 당시에는 공보관(2급 또는 3급 공무원)이 없고 공보담당관(4급 과장)이 공보일을 볼 때다. 최신철 공보담당관이 개인적인 일로 친구 회사에 전화를 걸었다.

"여보세요."

"네, ○○사 ○○사업붑니다."

"예, 여기는 환경청에 있는 친군데요, 김 부장 좀 바꿔주세요."

"잠깐 기다리세요, 환경청 씨."

최 과장의 얼굴이 붉어지는 그 순간에도 수화기 멀리 또 들린다.

"부장님, 친구 환경청 씨 전화입니다."

환경에 대한 관심도 그리 높지 않고 환경 담당 중앙 부처가 있다는 사실도 모르는 한 여직원이 남긴 에피소드다. 한 번 웃고 넘기기는 했지만 환경청 공무원들에게는 자존심이 여지없이 구겨지는 얘기가 아닐 수 없다. _____ 이정윤 일간보사 기자

술 마셔야 산다

"일을 완수하려면 술을 마셔라."

기업체 홍보 담당자들의 이야기가 아니다. 바로 술과는 관계가 별로 없을 것 같은 환경부 공무원들의 충고 아닌 충고(?)다. 환경부는 개발을 억제하고 환경을 보전해야 하는 업무 특성상 불가피하게 주민들의 원성을 사게 마련이다. 가령 환경부가 상수원 수질을 보전하기 위해 상류 지역을 상수원보호구역 또는 특별대책지역으로 묶거나 행위 제한이 대폭 강화되는 국립 공원 구역을 확대 개편할 경우 재산권 침해를 우려한 주민들의 반발이 일 것은 불을 보듯 뻔하다. 이 과정에서 일을 원만하게 추진하기 위해서는 주민들의 동의가 절실하며, 그러기 위해서는 주민들과 밤을 새워서라도 술을 마셔야 한다는 논리다.

술을 못하는 공무원이 있다 해도 주민들과의 자리에서는 예외가 될 수 없다. 술을 마시지 않았다가는 주민들과의 '氣 싸움'에서 지는 꼴이 돼 결국 임무를 제대로 완수하지 못할 수도 있기 때문이다. 일례로 신현국 전 공보관의 경우를 보자. 그가 폐기물시설과장을 하던 1992년에는 김포 매립지의 수도권(서울, 인천, 경기) 쓰레기 반입 문제를 놓고 환경부와 주민들이 마찰을 빚고 있었다. 모두 열두 명으로 구성된 주민대책위원회는 사업장 폐기물을 절대 반입할 수 없다는 입장을, 환경부는 사업장 폐기물도 반입해야 한다는 입장을 각각 고수하고 있었다. 주민들의 입장이 워낙 강경해 수도 없이 거듭된 환경부의 주민 설득 작업은 매번 결실을 보지 못했다.

한번은 수도권 매립지 인근에서 벌어진 협상 종료 직후 저녁 식사 자리가 이어졌다. 주민들은 식탁에 앉자마자 맥주컵에 소주를 가득 따라 신 과장에게 '원샷'을 요구했고, 술을 어지간히 못하는 신 과장(맥주를 한 잔만 마셔도 취하는 형이다)은 결국 그 소주를 단숨에 마셔야 했다. 그는 그날 밤 그 대형 소주잔을 열 잔 가까이 비워야 했다. 술의 탁월한 효과 때문인지는 몰라도 결국 사업장 폐기물 반입 문제는 '선별 반입' 쪽으로 원만하게 매듭지어졌다. 환경부 산하 수도권매립지관리공사의 이정주 사장도 취임 직후인 2000년 7월부터 몇 달 동안은 주민대책위 권한 조정 등의 문제를 놓고 주민 대표들과 협상을 벌이면서 술을 꽤 마셨다고 한다.

이처럼 술은 곧 기 싸움의 한 수단이며, 기 싸움의 결과에 따라 협상도 어느 정도는 영향을 받는다. 그러나 공무원과 주민들의 술자리는 단순한 기 싸움의 차원을 넘어 서로의 벽을 허무는 자리다. 환경부의 한 간부급 공무원은 언젠가 이런 말을 했다. "기가 꺾이면 협상이 그만큼 불리해진다. 그렇기 때문에 쓴 술을 참고 마셔야 한다. 그러나 술을 마시는 이면에는 주민들이나 공무원 모두 서로의 벽을 허물고 상대방의 입장을 이해하려는 노력이 숨어 있다."

환경부 공무원들은 오늘 밤도 주민들과 만나 자신의 주량을 훨씬 초과하는 술을 마시고 있는지도 모른다. _____ 심인성 연합뉴스 기자

화려한 데뷔, 외로운 국장

"이윤을 추구하는 민간 기업보다 조국의 국민에게 혜택을 주며 삶의 질을 높이는 일을 하고 싶었습니다."

세계 굴지의 다국적 기업에서 근무하다 2000년 9월 18일 개방형인 환경부 상하수도국장으로 변신한 남궁 은(50) 박사. 연봉 2억 자리를 마다하고 환경부에 입성할 당시 그는 언론의 집중 조명을 받으면서 화려하게 데뷔했다. 1960년대 중동전쟁 때 위기에 처한 조국을 구하기 위해, 미국으로 유학을 떠났던 청년들이 이스라엘 행 비행기에 몸을 싣던 장면을 연상케 했다.

그는 폐쇄적인 관료 조직에 '새 피'를 수혈하기 위해 도입한 개방형 임용제의 가장 성공적인 사례로 꼽혔다. 중앙인사위원회 관계자들도 남궁 국장을 개방형 임용제의 취지와 딱 맞아떨어지는 인물이라며 자랑했다. 2000년 3월 이후 개방형 임용자가 본래 의도한 대로 채용되지 못했다는 얘기다. 모 부처의 개방형 자리에는 부동산중개업자와 아파트관리소장, 구조 조정으로 퇴출당한 실직자 등이 대거 몰렸다고 한다. 젊고 유능한 인재들이 지원을 꺼리는 바람에 중앙인사위원회는 애를 태워야 했다. 민간 전문가들의 경력에 비해 턱없이 낮은 보수 수준과 3년이면 떠나야 하는 불안한 신분, 직무 수행을 위한 적응 훈련 프로그램의 부족, 배타적인 관료 사회의 저항 등이 개방형의 정착을 가로막았던 것이다. 이 때문에 2000년 말까지 채용된 81개 개방형 직위 가운데 외부 전문가가 선발된 것은 14.8%(12개)에 불과했고, 나머지는 공무원들이 독차

지해 '그들만의 잔치'라는 비아냥을 들어야 했다.

이에 비하면 남궁 국장의 전력은 화려했다. 서울대 토목공학과를 나와 미국 일리노이대에서 환경공학 박사학위를 취득한 뒤 미국의 '프록터 앤 갬블Procter & Gamble' 사에서 아시아 본부 환경 담담 부본부장(이사급)을 지냈다. 세계 시장을 상대로 세제와 제지, 화장품, 의약품을 생산하는 P&G 사에서 환경 기술 개발과 경영 관리 분야의 선진 기술과 기법을 체득한 그였다. 공모 당시 내로라하는 엘리트 관료와 폐수처리업체 대표 등 다섯 명과 경합을 벌였으나 월등한 점수차로 낙점을 받았다. 환경부장관의 기대도 대단했다. 국내 일간지에서 그를 경쟁적으로 대서 특필할 정도로 주목을 받았다.

그의 데뷔는 특히 상당수의 개방형 자리가 조직 내에서 정책 결정 과정에 영향을 미치기 어려운 한직에 제한되어 있었다는 점과 대조를 이뤄 더 화려해 보였다. 수질 관리와 상수원 공급, 하수 처리 등 굵직굵직한 사업을 총괄하는 상하수도국장 자리는 환경부 예산의 절반 가까이를 주무르는 요직이다. 이러한 점이 작용한 듯, 개방형 직위에 대한 관료 사회의 저항이 거셀 것이라는 우려에 대해서도 그는 "미국과 일본 기업에서도 살아 남았는데 고국에서 적응하지 못할 이유가 없다"며 자신만만해했다.

그러나 화려한 데뷔와 강한 자신감에도 불구하고 1년이 지난 뒤에도 아직 '적응' 단계인지 이렇다 할 만한 성과를 올렸다는 평가는 나오지 않았다. 오히려 '굴러들어온 돌'을 견제하는 공무원들에게 휘둘리고 있다는 우려가 가시지 않았다. 임명 후 5개월이 접어든 2001년 2월, 첫 업무 설명회는 주무 과장이 국장 역할을 맡은 듯 보였다. 당시 발표한 상하수도 민영화 계획이 제도 개선에 초점을 둔 것이어서 그의 전문성을 맘껏 발휘하기에는 적합한 분야가 아닐 수도 있었다. 그러나 그날 그는 취지만 설명하고 자리를 지키는 정도였다. 국내 유명 생수업체의 제품에서 대장균이 검출되었는데도 담당 과장이 그에게 보고조차 하지 않은 적도 있었다. 2001년 7월 수돗물에서 바이러스가 검출돼 전 국민이 경악했을 때도 그는 여전히 주도권을 장악하지 못했다.

전문가들은 민간 기업과 업무 방식이 다르고 관료 조직의 관행에 익숙해지려면 최소한 6개월은 필요하다고 한다. 스킨십(대면 관계)과 네트워크에 의해 좌우되는 공직 사회의 업무 수행 방식이 효율성과 실적을 중시하는 민간 기업의 방식으로 교체되는 전환기의 중심에 그가 서 있다. "호주머니에 손을 넣고 국장에게 보고하는 것이 자연스러울 정도로 분위기가 바뀌었다"는 그 자신의 평가가 공직 사회의 일하는 방식과 태도의 변화로 이어진다면 화려한 데뷔만큼이나 성공 사례로 기록될 것이다. ___ 정정화 한국일보 기자

기인 복진풍

자그마한 풍채에 선한 눈매, 걸걸한 목소리에 충청도 청양 시골 사람의 순박함이 그대로 묻어나던 복진풍 전 환경관리공단 이사

장. 김영삼 정부 때인 지난 1994년 봄 YS의 가신으로 분류되던 그는 '낙하산 인사'로 환경관리공단 이사장에 부임했다. 하지만 그는 4.19 학생 운동과 오랜 야당 생활이 몸에 배어 있었다. 조직의 바람막이로서 몇 년 잘 지내다가 가면 될 이사장이었지만 오히려 조직의 문제점과 비리를 후벼파는 데 주저하지 않았다. "수도권 쓰레기 매립지의 침출수가 차 올라 제방이 미끄러지고 붕괴될 위기에 있다" "쓰레기를 덮기 위한 흙(복토재)을 반입하는 과정에서 지불하지 않아도 될 돈을 지불한다" "쓰레기 매립에 들어가는 장비를 잘못 구입했다"는 등의 비리 의혹을 스스로 제기한 것이다.

1994년 여름 내내 수도권 매립지를 오고 가는 과정에서 과로로 건강을 해치기도 했던 복 이사장은 특히 그해 가을 청와대에 자신이 지휘하는 환경관리공단에 대해 직접 특명 감사를 요청해 사람들을 놀라게 했다. 환경관리공단 스스로 문제를 제기함에 따라 국정 감사 때마다 수도권 쓰레기 매립지는 환경노동위원회의 단골 메뉴가 됐고 환경부 감사는 물론 감사원의 감사를 수도 없이 받았다.

지금은 환경부 산하 수도권매립지관리공사가 맡고 있지만 2000년 여름까지만 해도 수도권 쓰레기 매립지는 서울, 인천, 경기 등 3개 시도가 만든 수도권매립지운영관리조합이 이름 그대로 운영 관리를 맡았다. 또 쓰레기 복토 작업 등 시공은 동아건설이, 감리는 환경관리공단 수도권매립지사업단이 담당했고 수도권 매립지 주민대책위에서 감시대를 운영하는 복잡한 구조를 갖고 있었다. 수도권매립지운영관리조합은 1987년 동아건설이 매립한 땅을 전두환 정권 때 정부가 쓰레기 매립지로 만들기 위해 헐값에 사들였고 돈은 정부와 지자체가 나눠 냈다. 땅이 걸려 있는 만큼 돈을 낸 환경관리공단과 서울시 등 지자체는 운영권을 놓고 줄다리기를 벌인 끝에 업무를 나눠 갖는 쪽으로 타협점을 찾았다. 이 과정에서 땅을 '잃게 된' 동아건설은 매립지와 관련된 제반 공사를 수의 계약으로 따낼 수 있는 특혜를 부여받았다.

복 이사장은 "동아건설이 수의 계약을 앞세워 부실 공사를 했고 이 때문에 침출수가 제대로 빠지지 않아 매립지 안전에 문제가 생기는 것"이라고 주장했다. 또 건설 공사장에서 터파기 공사 때 나오는 흙은 처리를 위해 매립지로 가져올 수밖에 없는데도 거리가 멀다는 이유로 운반비를 비싸게 지불하는 것은 문제가 있다고 지적했다. 복 이사장은 주민대책위가 쓰레기 매립지가 산업 폐기물을 반입하지 않도록 감시하는 과정에서 트집을 잡고 지방자치단체로부터 돈을 받고 있다는 의혹도 제기했다. 제1매립장뿐만 아니라 기반 조성 공사에 들어간 제2매립장도 과다하게 투자를 하고 그 과정에서 비리가 개입됐다고 주장했다. 청와대 특명 감사에서도 속시원하게 문제를 풀지 못한 복 이사장은 1996년 여름 외부의 전문가를 고용, 6개월씩이나 비리를 조사토록 했고 1997년 3월 조사 결과를 언론에 공개했다. 이 바람에 감사원 감사가 다시 시작됐고 국회에서도 문제를 삼았지만 하급 공무원 몇 사람 징계받는 선에서 끝났다.

1998년 정권 교체가 되면서 YS정권의 복 이사장도 자리에서 물러나게 됐지만, 그는 수도권 매립지 비리가 완전히 해결되지 않았다고 여겼다. 퇴임을 며칠 앞둔 1998년 4월 말 기자 회견을 자청하고 200여 페이지에 달하는 '수도권 매립지 백서'를 전격 공개했다. 퇴임을 앞둔 이 기자 회견은 복 이사장의 야심작이긴 했으나 이전에 주장했던 내용에서 크게 벗어나지 않아 언론의 주목을 크게 받지는 못했다.

복 이사장을 '돈키호테'로 비유하는 사람도 적지 않지만 수도권 매립지 비리를 해결하겠다는 그의 의지는 현재의 수도권매립지 관리공사 탄생에 밑거름이 된 것만은 분명하다. 현재의 수도권 매립지는 운영·관리가 관리공사로 단일화됐고, 주민대책위가 가졌던 지나친 권한도 되찾아왔고, 동아건설의 수의 계약 문제도 해결됐다. 복 이사장은 퇴임 후 서울시장에 출마한다는 소문이 떠돌았으나 소문으로 끝났다. 최근에는 4.19 기념 사업과 함께 YS의 회고록 작성에 참여하는 등 상도동과의 관계를 유지하고 있다는 후문이다. ____ 강찬수 중앙일보 환경전문기자

3 ___ 막강 파워 NGO

우리 것이 좋은 것이여

환경 교육 현장이 다양해졌다. 학교 실험실에서 교과서를 달달 외는 교육은 시들해졌다. 반면 생태 기행 프로그램도 봇물 터진 듯 늘어났다.

환경 단체인 우이령보존회가 매년 봄에 여는 점봉산 풀꽃 기행 행사의 주인공은 초등 학교에 다니는 어린이들이다. 이 아이들은 한계령풀이 꽃피운 것을 보고 자연에 대한 경이감을 맛본다. 금강 제비꽃, 얼레지, 모데미풀, 홀아비바람꽃, 또 그 이름만큼이나 귀

여운 노루귀가 점봉산 깊은 계곡 바위틈과 백두대간 능선 자락에서 소박하고도 화려한 자태를 저마다 드러내며 흐드러지게 핀 것을 보고 생태계의 아름다움에 눈뜬다.

대부분의 어린이들은 아프리카의 코끼리, 호주의 캥거루, 남극의 펭귄에 대해서는 잘 알면서 우리 주변에서 환경을 보듬고 살아가는 나무와 들꽃, 물고기, 올빼미에 대한 지식은 잘 모르고 있다. 강원도 인제군 기린면 진동리 점봉산 일대는 남북방 한계 식물이 함께 서식하는 천연림으로서 설악산 국립 공원과 함께 유네스코 지정 생물권 보호 구역(MaB)으로 곤충 서식 종수만 해도 지리산의 1.5배가 넘는 국내 최고의 생물 다양성을 자랑하는 생태 보고이다. 아이들은 곤충 전문가와 식물 학자들의 해설이 곁들여진 자연 친화적인 에코 투어에 참여하면서 교과서에서 배우지 못했던 생태 문화를 체득한다. 2001년 4월 28일과 29일 점봉산 풀꽃 기행은 북암령과 곰배령의 두 코스로 나누어 진행됐다. 평소에 쉽게 가기 어려운 원시림 깊숙이 들어간 어린이들은 숲의 정기를 가득 받아들이면서 자연과 교감할 수 있는 시간을 가졌고, 장승세우기 행사에도 참여했다.

'생명의 숲 가꾸기 운동'의 지원을 받아 벌이고 있는 학교 숲 가꾸기 운동도 초등 학생들에게 생태 교육 현장을 제공하고 있다. 도시의 학교 운동장은 먼지가 풀풀 날릴 뿐 삭막하다. 아이들이 뛰어 놀다 다치기 일쑤다. 그렇다고 모든 학교 운동장이 이런 것은 아니다. 경기도 안양 평촌 새도시의 신기초등학교는 운동장의 3분의 1 정도가 숲으로 가꾸어져 있다. 봄이 되면 야생화들이 화려하게 꽃피울 준비를 하고 있다. 교사는 아이들을 데리고 숲으로 간다. 여름에 피는 야생화에 대해 설명을 듣는 아이들의 얼굴이 진지하다. 식물 도감에서만 보던 꽃을 살며시 만져보기도 한다. 운동장이 단순한 놀이 공간에서 환경 교육 공간으로 탈바꿈한 것이다.

아이들이 나무를 심고 나무에 이름표를 붙이는 프로그램 등은 자연과 가까워지는 지름길이 된다. 생태계 변화를 눈으로 직접 보는 것은 어떤 것과도 바꿀 수 없는 현장 환경 교육이다. 푸른 숲과 함께 생활하면서 아이들의 녹색 생명에 대한 지식과 경외감도 함께 자라난다.

강원 지역 학교나 교육 시설에 설치된 현장 체험 학습장도 인기다. 강원도 정선군 정덕의 체험 학습장에서는 초등 학생들이 임산물 채취와 야생화 관찰을 통해 자연과 가까워지고 있다. 농어민의 일손을 도우면서 자연 학습을 하는 청소년들도 적지 않다. 한국환경교육협회는 2001년 8월 초 5박 6일 동안 충남 연기군과 태안군에서, 서울청소년수련관은 7월 31일부터 3박 4일 동안 충북 괴산에서 봉사 활동을 했다. 봉사 활동과 함께 생태 조사와 갯벌 탐사등 환경 학습 기회를 가졌다. 환경교육문화센터도 같은 해 여름 방학 기간인 8월 청소년을 대상으로 동강 대탐사를 실시했다. 정선 광한리에서 가수리, 신동읍·영월을 거치는 동안, 동강의 비오리와 아름다운 들꽃 등 생태계를 관찰했다.

유한양행의 환경 체험 교육 그린 캠프도 환경 체험 교육 프로그램으로 확고하게 자리를 잡아가고 있다. 여고생을 대상으로 지난 1988년 시작한 유한킴벌리의 그린 캠프는 2001년까지 열네 차례에 걸쳐 진행됐다. 통상 7월 말에서 8월 초 사이에 3박 4일 일정으로 설악산 등에서 진행되는 그린 캠프는 교실 안의 이론 교육에서 탈피, 자연을 직접 느끼면서 전문 교수진의 지도 아래 생태계를 학습함으로써 높은 교육 효과를 거두고 있다.

환경 단체들의 새 천년 화두는 생명이다. 환경운동연합은 1997년 생명의 젖줄 한강 대탐사 이후 매년 섬진강과 동강, 갯벌 등을 탐사한다. 이 탐사단은 2001년에는 '땅 끝을 따라 남도 섬 마을까지'를 주제로 삼았다. 청소년들에게 국토를 자신의 발로 걸으며 자연을 탐사하고 우리 전통 문화를 체험할 수 있는 기회를 제공했다. 주제별로는 남해안 생태계와 남도 문화 탐사, 지역별로는 진도·해남·보길도·강진·완도 등을 기행하면서 생명과 인간, 환경과 우리 문화를 체득하도록 구성됐다. 진도 신비의 바닷길을 출발해 땅끝, 완도의 수목원, 강진의 다산초당과 우람한 나무들이 즐비한 백련사 등을 둘러보았다. 녹색연합의 왕피천 생태 기행도 청소년들이 자연을 사랑하는 법을 배울 수 있는 좋은 기회. 봄이면 은어·황어가, 가을이면 연어 떼가 돌아오는 왕피천의 생태계 보고이다. 8월 중순에 열리는 왕피천 생태 기행은 독특하게 하천 생태계를 살펴보고 물고기에 대해 많은 것을 배울 수 있다.

학교 밖에서 생태 기행 기회가 크게 늘어나고 있는 가운데 초등학교들도 독특한 자연 학습 프로그램을 운영하고 있다. 일부 초등 학생들은 하수 처리장 등 환경 시설을 둘러보고 소감문을 쓰기도 하고 갯벌 탐사나 지역 생태계 조사 등의 활동을 벌이기도 한다.

21세기는 환경의 세기이다. 새로운 시대를 이끌어갈 어린이들과 청소년들이 환경 현장으로 달려나가고 있다는 것은 즐거운 일이 아닐 수 없다. ▬▬ 예진수 문화일보 기자

장원 씨의 비극

'호랑이 등에 올라탔다.'

녹색연합을 이끌었던 장원 전 사무총장은 2000년 5월 언론재단이 주최한 연수 강좌에서 몇몇 환경 담당 기자들에게 총선연대 활동에 얽힌 뒷얘기를 책으로 내겠다며 이 같이 말했다. 호랑이 등을 탔으니 중간에 내리지는 못하고 끝까지 부패한 정치인들과 싸워야 한다는 뜻이었던 듯하다. 호랑이 등에 탔다는 말은 고양이 목에 방울 달기보다 훨씬 어감이 강하고 결연한 의지를 풍긴다. 그러나 이 책은 나오지 못했다. 장 전 사무총장이 2000년 봄 부산에서 미성년 여대생을 성추행한 혐의로 구속됐기 때문이다.

만약 총선연대의 '바꿔' 열풍이 다음 총선에서도 재연되지 않는다면 이민을 떠나겠다는 시민이 나올 정도로 총선연대의 활동은 진보적인 진영뿐만 아니라 일반 시민들에게도 폭발적인 지지를 받았다. 그는 저술을 위해 상당히 많은 자료를 모으고 준비했던 것으로 알려졌다. 이 책이 출간됐다면 한국 선거사상 유례없는 시민 단

체 주도의 대규모 낙선 운동이자 시민 혁명으로 평가됐던 총선연대의 입체적인 활동의 전모가 자세히 드러났을 것이다.

한국 환경 운동의 간판 스타였던 그가 어처구니없는 일로 녹색연합 활동을 중단해야 했던 일은 현장의 생생한 기록과 역사 기록을 기다리는 많은 사람들에게도 안타까운 일이었다. 청렴하고 합리적이며 깨끗한 이미지를 구축해온 대표적인 시민 운동 지도자로 전국적인 명성을 누려오다 일거에 성추행범으로 굴러 떨어진 그는 자신의 잘못을 깊이 뉘우치고 있는 듯하다.

그는 16대 총선에서 총선연대 대변인으로 활동하면서 낙선 운동을 벌인 혐의로 2001년 7월 12일 벌금 500만 원이 선고되자 "벌금형 대신 실형을 살겠다"고 항소 포기 의사를 밝혔다. 총선연대 활동 직후 성추문으로 시민 운동에 큰 상처를 입힌 것은 평생 풀지 못할 죄업이므로 실형을 살면서 그동안 잘못 살아온 삶의 부분들에 대한 자기 성찰 시간을 갖고 시민 운동 동지들에게 속죄하고 싶다는 것이었다. 현행법에 따르면 벌금을 납부하지 못할 경우 액수에 해당하는 기간만큼 노역장에 유치할 수 있도록 규정하고 있다. 따라서 이날 500만 원이 선고된 장 씨가 벌금을 내지 않을 경우 1일 4만 원 기준으로 약 125일을 교도소 내 노역장에서 지내게 된다.

그의 속죄에 대한 여론의 평가가 내려지기까지는 좀더 시간이 필요할 듯하다. 환경 운동 주역으로서 그의 활동이 너무 화려했고 추문으로 기존에 쌓은 아성이 마치 눈이 무너지는 설붕雪崩(아발랑쉬)과도 같이 갑자기 일어난 일이어서 시민들이 입은 충격도 매우 컸기 때문이다.

그는 부산에서 대학교를 졸업한 뒤 폐수 처리장 시설 설계업체에 취직, 폐수 처리장 시설을 직접 설계하며 환경 오염 심각성에 눈을 떴다. 그리고 미국 유학을 거친 뒤 1989년 서울대학교 환경대학원 석·박사 출신들과 함께 배달녹색연합(녹색연합 전신)을 창립하여 환경 운동 전면에 나섰다. 장 씨는 튀는 아이디어와 왕성한 활동으로 녹색연합의 인지도를 높였다.

장 씨가 시민들에게 널리 알려진 것은, 1992년 수도권 쓰레기 매립장에 산업 폐기물을 반입하기로 한 사실이 알려져 주민들과 정부측이 대립하면서부터였다. 이때 당시 배달녹색연합 사무처장이던 장 씨(대전대 환경공학과 교수)가 뛰어들었다. 자신이 다시 한 번 환경 영향 평가를 할 테니 양측 다 평가 결과에 승복해 달라고 했다. 합의가 되고 장 교수가 다시 평가 작업을 했다. 그 결과 산업 쓰레기로 대표되는 특정 폐기물은 반입할 수 없고 시설 보완을 하면 생활 쓰레기는 가능하다는 명쾌한 결론이 나왔다. 정부측에서 반발했으나 설득 과정을 거쳐 협약이 이뤄졌다. 지금은 일반 폐기물만이 반입되고 있다.

장 교수는 가족들과 함께 1993년 김포 쓰레기 매립장 근처 검단면 마전리로 이사하여 환경 문제의 심각성을 직접 체험하기도 했다. 이에 앞서 배달환경은 1991년 금강 제2휴게소 건설이 대청호 보호를 위해 백지화돼야 한다고 주장했고, 결국에는 충청북도가 이를 받아들였다. 1997년 대만이 핵폐기물을 북한으로 수출하려고 할 때 그는 대만에 건너가 삭발 투쟁을 하기도 했다. 총선연대 활동이 끝날 때쯤 "고향으로 돌아가 농사도 짓고 시민 운동의 향교도 만들어보겠다"며 10년 동안 지켜온 녹색연합 사무총장직에서 물러나 일반 회원으로 일하기도 하자, 그의 백의종군에 찬사와 박수와 쏟아지기도 했다. 2000년 10월 그는 "환경 프로젝트를 맡긴 기업체 관계자와 단란주점에 갔다, 단체(녹색연합) 이름을 대고 가족과 함께 일반인들은 못 들어가는 출입 금지 구역을 다녔다"고 고백하기도 했다. 부산에서 불미스러운 사건이 터져 구속된 뒤 보석으로 풀려난 그는 현재는 충남 금산의 생태 마을로 들어가 텃밭을 가꾸며 조용히 살고 있다. 총선연대 활동가들과 함께 재판정에 설 때도 아무 말이 없었다.

우리 환경 운동의 고빗길에서 핵심적인 역할을 맡았던 장 씨의 추락은 시민 운동의 도덕성을 다시 도마 위에 올려놓는 계기가 됐다. 총선연대의 간판 스타이자 진솔한 환경 운동가에서 단숨에 추락한 장원 전 사무총장 사건은 시기적으로 동강댐 백지화 등으로 대중화와 회원 확산 등 상승기에 있던 환경 운동 단체들에 커다란 타격을 입혔다. 특히 장 씨의 성추행 사건은, 생태계를 보호하기 위해 자신의 일상 생활까지 희생하고 경우에 따라 개발업자들에게 협박까지 받기도 하는 등 그야말로 목숨을 건 활동을 벌이고 있는 환경 운동가들의 설자리와 금도襟度 등에 대해 다시 한 번 생각하게 해준 사건이었다. ____ 예진수 문화일보 기자

NGO도 특종 경쟁

기자들만 취재해서 보도하는 시대는 이미 지나갔다. 국정 감사 때가 되면 의원 비서관, 보좌관들도 사실상 기자들과 다름없이 '취재 보도'를 한다. 신문 방송에 대문짝만하게 실리도록 상임위 국정 감사에서 수감 기관별로 한두 건을 터뜨려야 한다는 점에서 기자들의 '특종' 경쟁과 다를 바가 없다. 물론 직접적인 매체가 없는 이들이 내는 '기사'의 독자는 기자들이다. 하지만 이들이 내는 보도 자료는 차분하기보다는 제목부터가 선정적인 경우도 적지 않다.

시민 · 환경 단체에서 내는 보도 자료도 비슷하다. 일반 독자나 시청자에게 직접 전달하지는 못하더라도 1차 독자인 기자들에게 어필할 수 있도록 선정적인 주제를 정해 현장을 뛰어다닌다. 언론에서 이를 잘 보도할 수 있도록 세심하게 배려까지 하고 있다. 모든 언론에 골고루 실리는 제대로 된 '한 건'을 터뜨리기 위해 보안 유지에도 신경을 쓸 정도다. 심지어 기자 회견 몇 시간 전에야 연락을 하는 경우도 있다.

국회 의원 보좌관이나 시민 단체 간사를 기자들의 경쟁자로 보기에는 다소 무리가 있지만 최종적인 결과로 보면 비슷한 기능을 하는 셈이다. 차이가 있다면 누구를 대상으로 하느냐는 것뿐이다. 이 때문에 기자들 사이에서도 경쟁이 있지만, 환경 단체간에도 경쟁이 존재한다. 몇 년 전 국내 양대 환경 단체간에 상당한 긴장이 조성된 적이 있었다. A 단체가 조사해 환경 단체들간의 내부 회의에서 보고한 내용을 B 단체가 자체 조사한 것처럼 기자 회견을 열고 대대적으로 발표한 것이다. 당초 자료를 모은 A 단체가 발끈한 것은 물론이다. 같은 환경 단체이니 이를 공개적으로 거론하지는 않았지만 환경 단체들 내부에서는 한참 시끄러웠다.

환경 단체들도 '속보 경쟁'을 한다. 이러다 보면 발표 자료에서 부실한 면이 나타나기도 하고, 자료에서 거명된 업체나 정부 기관의 반박에 부딪혀 취소하는 소동을 빚는 경우도 가끔씩 생긴다. 환경 단체가 언론을 타는 방법은 다양하지만 몇 가지로 묶을 수 있다. 첫번째는 성명서 발표. 사안이 발생할 때마다 입장을 정리해 성명서를 발표하는데 대체로 팩스를 통해 언론사에 보낸다. 하지만 인터넷 시대에 걸맞게 환경 단체를 비롯한 시민 단체의 홍보는 비약적으로 발전하고 있다. 각 언론사 담당 기자들의 이메일 주소를 미리 파악하여 리스트를 만들어놓고 성명서가 나오면 이를 손쉽게, 그리고 빠르게 전달한다. 과거 신문사에 달랑 팩스 한 장, 그것도 마감 시간을 한두 시간 앞두고 보내던 것과 비교하면 엄청나게 달라진 것이다. 이메일 활용은 시간과 비용의 절약뿐만 아니라 자원의 절약이라는 측면에서도 진일보한 것으로 평가할 만하다.

두 번째는 미리 정해진 시간과 장소에서 기자들을 불러놓고 여는 기자 회견이다. 사람들만 나와서 마이크를 들고 몇 시간씩 얘기하던 과거와는 달리 요즘은 현란하기까지 한 각종 자료를 제시한다. 문제는 이 같은 기자 회견이 '파리 날리는' 경우가 많다는 데있다. 환경 담당 기자들이 과천 정부 청사 기자실에서 주로 활동하는 반면 환경 단체들은 서울 종로를 주무대로 하기 때문에, 종로에서 열리는 환경 단체의 기자 회견에 기자들이 참석하는 비율이 저조하다. 이 문제를 풀기 위해 가끔씩은 환경부 기자실을 방문해 '기습적'으로 기자 회견을 여는 방법이 동원되기도 한다.

세 번째는 시위다. 중대한 사안이 발생하면 대규모 시위를 벌이기도 하지만 대부분은 비용과 노력을 절약할 수 있는 소규모 집회를 선호한다. 사진, 즉 '그림'을 만들기 위한 회원 20~30명만이 모여 퍼포먼스나 피켓 시위를 펼친다. 일단 언론을 타기만 하면 된다는 측면에서는 상당히 효율적이다.

최근 들어 일부 환경 단체에서 홍보 담당자를 두고 기자들과 잦은 접촉을 통해 유대를 강화하는 것도 달라진 면이다. 환경 단체 내 부서별 담당자가 각기 기자들을 접촉하는 것보다는 효율적이라는 인식이 생겨난 것이다. 이처럼 1990년대 초에 비해 2000년대 들어 환경 단체들이 보여주는 '언론 플레이'는 괄목할 만하다. 하지만 깊이 있고 꾸준한 활동의 결과에 바탕을 둔 홍보가 아닌 경우가 적지 않다는 점에서 환경 단체들도 자신들을 돌아봐야 할 필요가 있다. 활동을 위한 홍보가 아니라 홍보를 위해 활동을 구상한다는 점은 앞뒤가 뒤바뀐 것이다. 회원을 확보하고 회원 속에 뿌리박고 자라야 할 단체가 언론 홍보에만 매달린다면 '회원 없는 시민 단체'라는 악순환이 계속될 수밖에 없다. ＿＿＿강찬수 중앙일보 환경전문기자

우리가 반대하면……

1990년대 초반까지만 해도 환경 단체의 말에 귀를 기울이는 공무원은 별로 없었다. 아니 거의 신경을 쓰지 않았다. 그러나 1990년대 후반으로 오면서 환경 단체의 위상은 급격히 달라졌다. 이제 정부는 물론이고 민간 기업들도 환경 단체의 눈치를 보지 않고서는 일을 할 수가 없게 됐다. 심지어 그 콧대 높은 미군들도 환경 단체 앞에서는 고개를 숙인다.

환경 단체들은 그동안 정부가 하지 못하는 많은 일들을 했다. 2000년 6월 5일 환경 단체들은 강원도 영월 동강댐 건설 계획의 완전 백지화를 이끌어냈으며, 또 비록 사업 자체를 중단시키지는 못했지만 새만금 간척 사업 반대 운동을 통해 환경에 대한 국민적 관심을 이끌어내는 데는 상당한 효과를 거두었다. 특히 환경 단체들은 2000년 7월 미군 용산 기지의 독극물(포름알데히드) 한강 무단 방류, 그해 9월의 강원도 횡성 캠프 이글Camp Eagle의 폐유 상수원 무단 방류, 2001년 4월 미 대사관 주변의 가로수 족쇄 문제 등 미군의 환경·사회 문제를 끊임없이 제기해왔다.

이처럼 환경 단체들은 그동안 여러 중요한 사안들을 사회 문제화하는 과정에서 스스로 영향력을 키워왔으며, 그 결과 이제는 정부도 무시할 수 없는, 아니 정부가 잘 모셔야 하는 존재가 됐다. 환경 단체는 이미 우리 나라 환경 정책에 가장 큰 영향을 미치는 막강한 단체로 자리매김했다.

실제로 환경부는 환경 단체와 정기적인 모임(민관협의회)은 물론 비공식 접촉을 자주 가지면서 주요 현안에 대한 협조를 구하거나 입장을 조율하고 있다. 환경 단체는 정부 정책에도 직간접적으로 관여한다. 최열 환경운동연합 사무총장과 김제남 녹색연합 사무처장 등 환경 단체 대표들은 환경부의 주요 자문위원회는 물론이고, 대통령 직속 자문 기구인 지속가능발전위원회(PCSD) 등 여러 위원회 등에도 어김없이 정식 위원으로 참가한다. 최열 총장의 경우 기아자동차 및 삼성 SDI 사외이사로도 참여했다. "우리가 반대하면 아무도 개발을 못한다"고 장담할 정도다.

이처럼 환경 단체의 위상은 확실히 달라졌고, 공무원들의 대접도 그만큼 좋아졌다. 가령 환경 단체 간부가 어떤 자료를 받기 위해 환경부를 방문하면 주무 과장이나 담당자들은 직접 자료를 챙겨주며 친절하게 응해준다. 환경 운동이 정착되지 않았던 불과 몇 년 전까지만 해도 공무원들의 환대는 상상조차 못했던 일이다.

환경 단체의 달라진 위상을 한눈에 감지할 수 있는 한 사례를 보자. 2000년 연말 시내 모처에서 환경부와 환경 단체 간의 민관협의회가 열렸다. 김명자 장관을 비롯한 환경부 관계자들이 모두 회의 개시 시간 이전에 도착했으나 환경 단체 쪽에서는 불과 두세 명만이 제시간에 자리했다. 이에 대해 환경부의 한 간부는 "세월이 참 많이 변했다는 것을 느낀다"면서 "그만큼 환경 단체의 위상이 높아졌다는 것을 의미하는 것 아니냐"고 반문했다.

환경부 공무원들은 현재 '환경 단체가 그동안 정부에서 하지 못한 많은 일들을 해왔다'고 평가하고 있으며, 또 '우리의 환경이 더 이상 훼손되지 않고 잘 보전되기 위해서는 환경부와 환경 단체, 언론, 이 3축간의 공조가 잘 이뤄져야 한다'고 믿고 있다. 환경 단체는 짧은 시간에 큰 발전을 거듭해왔으며, 초심을 잃지 않는 한 앞으로도 계속 발전해 나갈 것이다. ____ 심인성 연합뉴스기자

어린이가 봉인가

2000년 10월 환경부는 천연가스(CNG) 시내버스 홍보 행사를 벌이면서 천연 가스 버스가 공해가 없다는 점을 강조하기 위해 초등 학교 어린이들을 동원하여 김명자 환경부장관과 함께 버스 뒤를 따라 걷게 했다. 아무리 천연 가스 버스가 오염 물질을 적게 배출한다고는 해도 무공해 버스가 아닌 저공해 버스인 다음에야 어린이가 버스 뒤를 따르도록 하면서 배기 가스를 마시도록 한 것은 지나친 처사였다는 지적이 나왔다. 장관이 어린이와 손잡고 걷는 '그림'이 되도록 연출해 신문이나 방송에 크게 보도되도록 어린이를 이용한 것이 아니냐는 것이다.

이처럼 '그림'을 만들기 위해 어린이를 이용한 것은 환경부만이 아니다. 댐 건설이 백지화된 강원도 영월 동강 지역을 보존하기 위한 내셔널 트러스트 운동의 모금 시작을 알리는 2000년 8월의 행사에서도 초등 학교 어린이들이 첫 모금을 하는 장면을 연출했다. 환경부 김 장관과 함께 모금함에 성금을 넣는 장면이 각 신문에 게재되고 방송을 탄 것은 물론이다. 새만금 간척 사업을 반대하

는 시민 단체에서 주관한 '미래 세대를 위한 소송'에서도 어린이들이 빠짐없이 등장했고 언론의 관심을 받았다. 최근에는 송전탑 건설에 반대하는 경기도 시흥시 정왕동 주민들이 초등 학교에 다니는 자녀들을 시위에 끌어들이고 등교를 막았다. 러브 호텔이 들어서는 것을 반대하는 경기도 고양시 주민들도 시에서 자신들의 주장을 제대로 받아들이지 않을 경우 초등 학교 학생들의 등교를 거부하겠다고 밝히고 나서기도 했다.

어른들은 주장한다. "버스에서 멀찌감치 따라가는 거라 큰 문제가 없다" "환경 문제는 미래 세대인 어린이들을 위한 것이다" "어린이를 대상으로 환경의 중요성을 교육하기 위함이다" "오죽하면 부모가 자녀의 등교를 막겠는가" "러브 호텔이 들어선 학교를 어떻게 다니게 할 수 있겠느냐" 등등.

그러나 어린이의 참여가 대 언론 홍보를 위한 '일회용'이 아닌지 냉정하게 따져볼 필요가 있다. 부모나 어른들이 행사나 자신들의 목소리를 언론에 널리 알리기 위한 수단으로, 자신들의 요구를 받아들이게 하기 위한 위협 수단으로 어린이를 이용하고 있는 것 아니냐는 질문에 전혀 아니라고 답하기는 어려울 것이다. 또 한편으로는 언론 역시 책임을 면하기 어렵다. 어른들의 욕심을 잘 알면서도 속아주고 오히려 부추기기까지 한다. '그림'이 된다면 깊이 생각할 필요도 없이 이를 취재해 보도하는 것이다.

사실 환경 파괴를 가져올 수도 있는 오늘, 우리 어른들이 행하는 행동 하나하나를 미래 세대에게 물어보는 자세가 필요하다는 점에서 어린이들이 각종 사안에 참여하도록 유도하는 것은 중요하다. 어린이들에게 정보를 제공하고 어린이들의 능력을 계발하고 어린이들의 용기를 북돋운다면 그들 스스로가 자신의 환경을 지켜나가는 데 큰 몫을 할 수 있기 때문이다.

하지만 어른들이 정말 어린이들의 미래를 생각하고 장래를 위한다면 무분별하게 어린이를 동원하는 일은 이제 없어져야 한다. 단번에 승부를 내겠다거나 냄비 끓듯 일어나는 환경 운동, 주민 운동이 아니라 미리부터 꾸준하게 그리고 차분하게 준비한 환경 운동이라면 굳이 어린이를 끌어낼 필요도 없을 것이다.

_____ 강찬수 중앙일보 환경전문기자

II

줄줄 새는 정책

4 ___ 겉도는 환경 정책

황소개구리를 잡아라

"오늘의 스탑니다. 오늘의 스타. 유일하게 한 마리⋯⋯."

1998년 5월 8일, 경기도 평택시 안성천변에서 벌어진 황소개구리 퇴치 행사의 하이라이트다.

당시는 그야말로 살벌한 IMF 체제 속에서 문닫는 기업들이 속출하면서 하루에도 수천 명의 실업자가 쏟아져 나오고, 모든 정부 부처와 산하 기관이 이런 실업자를 구제할 방법을 찾느라 온갖 아이디어를 짜내야 할 때였다. 마침 외래종인 블루길, 배스에 이어

황소개구리가 크게 번식하면서 국내 생태계를 교란시킨다는 지적이 많아, 누군가가 황소개구리 퇴치를 공공 근로의 한 방법으로 아이디어를 내놓았다. 이 아이디어는 정부의 정책으로 채택돼 이날 성대한 행사를 하기에 이른 것이다.

　장관을 비롯한 환경부 주요 관리들과 지역 출신 국회 의원, 지방 고위 관리, 그리고 주민 등 500여 명이 안성천변에 모여 황소개구리잡기에 나설 참이었다. 장관이 생태계 보전을 위한 황소개구리 퇴치의 당위성과 실업자 공공 근로 등에 대한 장황한 연설을 했다. 지역 출신 국회 의원과 관할 시장까지 격려사가 30분 넘게 이어졌다. 참석자들은 오랜만에 집단으로 야외에 나온 탓인지 만면에 웃음이 넘쳤고, 간간이 박수도 터져 나왔다. 이때까지만 해도 안성천변의 황소개구리는 이미 다 잡힌 거나 마찬가지인 듯한 분위기였다.

　'황소개구리 잡아서 IMF를 이겨내자' 는 내용의 릴레이 연설이 끝나고 드디어 개구리잡기가 시작됐다. 경기가 시작된 지 5분, 10분, 30분…… 거대한 황소개구리를 기다리는 기대 심리는 점점 높아지는데, 이게 웬일일까? 워낙 사람들이 많이 모인 탓일까? 사전 답사를 할 때만 해도 와글와글하던 황소개구리는 좀처럼 잡히지 않았다. 황소개구리를 잡는 것은 고사하고 개구리 그림자조차도 볼 수 없었다.

　무더운 날씨 속에 개구리잡기에 동원된 사람들은 한 사람, 두 사람씩 지치기 시작했고 급기야는 '이틀 전에 내린 비에 황소개구리가 다 떠내려갔다'는 푸념이 들리기 시작했다. 지친 사람들은 누가 먼저랄 것도 없이 그늘을 찾기 시작했고, 자리를 차고앉은 사람들은 새참 삼아 술을 마시기 시작했다. 기관장들도 예외는 아니었다. 시간이 지날수록 황소개구리 퇴치 작전은 뒷전으로 밀려나고 끼리끼리 둘러앉은 자리는 술과 만담이 어우러져 차츰 야유회 모습으로 변하고 있었다. 그리고 얼마간 시간이 흘렀을까? 개구리잡기에 나섰던 무리 가운데 한쪽이 술렁거렸다.

"오늘의 스탑니다. 오늘의 스타. 유일하게 한 마리……."

누군가가 황소개구리를 높이 쳐들었다. 분위기는 한순간에 반전됐다. 황소개구리를 본 참가자들은 환호성을 질렀고 천신만고 끝에 잡은 한 마리의 황소개구리는 500명 각각이 한 마리씩 잡은 듯한 분위기였다.

그러고는…… 끝이었다.

이날 행사의 유일한 소득은 정말로 황소개구리 한 마리가 전부였다. 이 장면은 그대로 방송사 취재 카메라에 잡혀 온 세상의 웃음거리가 됐다. C 일보는 '웃기는 환경부'라는 제목으로 비아냥댔다. 황소개구리를 잡겠다고 행사장에 나온 참석자들은 대부분 여자였고, 여자들은 대부분 치렁치렁한 치마에 굽 높은 구두를 신었다. 남자들 역시 정장 차림에 구두. 더 한심한 노릇은 황소개구리를 잡겠다면서 물 속으로 들어가는 사람이 없었다는 것이다. 천 마리의 개구리가 있었다 한들 이들 손에 잡힐 개구리가 있겠는가.

500명의 공공 근로 인력이 동원돼 하루 종일 올린 성과 : 개구리 한 마리. 이 황소개구리는 아직까지 우리 나라에서 가장 비싼 개구리로 기록돼 있다. 이 일이 있은 뒤 황소개구리 퇴치 공공 근로 예산은 전액 삭감됐고, 황소개구리 퇴치 작전은 전시 행정의 표본으로 지금까지 회자하고 있다. ＿＿ 서쌍교 SBS 기자

줄줄 새는 부담금

2001년 여름 환경부는 건물이나 경유 자동차 등에 부과되는 환경개선부담금을 제대로 내지 않은 사람은 신용 불량자로 등재되도록 해 신용 대출이나 신용 카드 거래 등 각종 금융 거래에 제한을 받도록 하겠다고 밝혔다. 환경부가 이 같은 '극약 처방'에 나선 것은 지난 1993년 이후 2000년 말까지 총 1조 7,700억 원의 환경개선부담금을 부과했으나 1조 5,800억 원(89.9%)만이 징수되고 1,792억 원이 체납됐기 때문이다.

환경개선부담금은 환경 오염의 원인자에게 처리 비용을 부담시키기 위해 지난 1993년에 도입된 제도로 연면적 160m²(약 48평) 이상인 시설물과 버스·트럭 등 경유 사용 자동차에 대해 연 2차례 부과된다. 하지만 일반 시민이 환경개선부담금을 체납하는 것도 문제지만 징수 과정에도 문제가 적지 않다. 경남대 산업경영연구소가 환경부에 제출한 '환경개선부담금제도 개선 방안' 용역 보고서에 따르면 서울 강북구 등 전국 17개 시·군·구는 1999년 환경개선부담금 징수액의 12~43%, 평균 24%를 징수 비용으로 사용

했다. 특히 4억 8,900만 원을 부과하고, 부과 금액의 81.5%인 3억 9,600만 원을 징수한 제주도 북제주군은 징수액의 43%인 1억 6,900만 원을 징수 비용으로 지출했다. 정부가 징수액의 10%만을 해당 자치 단체에 징수 비용으로 교부한다는 점을 감안하면 북제주군은 4억 원에 가까운 부담금을 징수하고도 1억 3,000만 원을 손해본 셈이다. 이는 환경개선부담금이 전국적으로 연간 징수 건수가 673만 건에 이르고 징수 금액도 3,556억 원에 달해 인건비와 고지서 인쇄·발송비, 독촉 등에 많은 비용이 들어가기 때문으로 분석됐다.

환경개선부담금을 징수하는 데에도 이처럼 문제가 많지만 이를 사용하는 데에도 문제가 있다. 특히 1999년 경유 자동차·대기 오염 업소 등에서 거둬들인 환경개선부담금·배출부과금이 2,502억 원이었으나 정작 대기 오염 문제 해결에 사용된 금액은 3.9%에 불과했다. 이나마 예산의 절반은 대기 오염 측정망 확충에 사용돼 실제 오염을 줄이는 데 직접 투자된 것은 극히 미미했다.

환경개선부담금을 효율적으로 걷어 본래의 목적에 맞게 사용하기 위한 정부와 지방자치단체의 노력이 아쉬운 형편이다.

_____ 강찬수 중앙일보 환경전문기자

종량제가 몰아낸 이웃 사촌

쓰레기 종량제가 실시된 지도 벌써 6년째를 맞고 있다. 1년여의 시범 실시 후 전국으로 전면 확대된 종량제는 당시 비민주적인 국가가 아니면 할 수 없는 정도로 국민들에게 상당한 부담을 주는 제도라는 일부의 비판에도 불구하고 대부분의 국민들이 따라줌으로써 무리 없이 시행됐다.

종량제로 인한 실익도 많았다. 봉투값 부담 때문에 일반 가정의 생활 쓰레기량이 눈에 띄게 줄었다는 정부 발표가 그렇고, 먹잇감이 줄어들어 도시의 쥐가 감소했다는 연구 논문이 보고된 것도 성과라고 할 수 있다. 특히 종량제와 더불어 실시된 재활용품 분리수거로 웬만한 쓰레기는 자원으로 활용되고 있는 점은 종량제 성과의 백미라고 인정할 수밖에 없다.

하지만 종량제는 그 햇빛만큼 그늘도 함께 가져왔다. 바쁜 생활을 하는 민주 국가의 시민들에게 '하찮은' 쓰레기를 처리하는 데 그만큼 공력을 쏟아야 하는지, 국가가 할 일을 주권자인 국민들에게 떠넘겨도 되는지 등의 회의감은 국민의 기본 도리를 내세워 덮겠다. 그러나 도시 곳곳의 뒷골목에 나뒹구는 쓰레기를 보고 있으면 뭔가 잘못됐구나 하는 생각을 지울 수 없다.

예전만 해도 골목길 쓰레기는 너나없이 치웠다. 내가 빗자루를 들고 나서면 앞집 사람도 뒤질세라 거들던 모습을 보기가 그리 어렵지 않았다. 앞집 아들 학교 성적 이야기에 우리 집 딸 피아노 연주회 소식으로 얘기꽃을 피우던 골목 공동체가 사라지는 데 종량제가 한몫했음이 분명하다. 앞집 옆집 쓰레기를 쓸어 담는 데 우리 집 봉투값이 들어가는 데 탐탁할 리 없다. 그까짓 봉투값이 얼마나 된다고 지적할지 몰라도 우리의 골목 현실을 보면 부담스러운 모양이다.

지난해까지 우리 동네(경기도 성남시 태평3동)도 대학생들이나 노동자들이 포함된 봉사대가 격주로 골목 청소를 실시해 가끔 깨끗할 때도 있었다. 주민들은 그때마다 미안한 마음으로 감사를 대신하지만, 본질적인 해결책이 제시되어야 한다는 자존심도 불끈 솟는다. 정부도 골목 청소를 위해 부녀회나 공무원들이 정기 청소반을 구성하는 등 나름대로 대책을 세워 추진하고 있지만 그다지 성과를 올리는 것 같지는 않아 보인다.

골목의 주체는 주민들이다. 하찮은 봉투값에 '목매는' 치졸한 주민들이라고 탓할 일이 아니라 주민들이 부담을 느끼지 않고 빗자루를 잡을 수 있도록 하는 제도적 장치가 마련돼야 한다고 본다. 아울러 정부는 골목 공동체 붕괴를 비롯해 6년 시행된 종량제의 그늘을 걷어내는 일에 적극적이어야 한다. 예컨대 종량제 봉투가 일회용인데도 국민들에 대해서는 일회용품 사용을 제한한다든지, 종량제 비닐 봉투가 매립장 쓰레기의 부패를 막아 안정화를 억제한다든지, 봉투값을 아끼기 위해 소각 등 자의적으로 처리하는 일이 늘어나는 등의 종량제 문제점을 조속히 해결해야 한다.

정부의 입장에서 종량제는 성역인 모양이다. 많은 문제점이 드러나는데도 그 흔한 토론회를 개최하는 데는 인색하다. 종량제의 문제점을 지적하는 전문가들에게 종종 싫은 얘기를 한다는 얘기도 들린다. 옳지 못하다. 종량제가 역사적 평가를 받는 환경 정책으로 남기 위해 빛(성과)을 홍보하기보다는 그늘(문제점)를 걷어내는 일이 시급하다. 국민들에게 부담을 지운 정부가 종량제 보완을 통해 이제 빚을 갚을 차례다. ___ 이정윤 일간보사 기자

가뭄 핑계 댐 짓기

건설교통부가 2011년까지 건설하겠다는 전국 열두 곳의 댐 후보지가 2001년 7월 공개됐다. 그 얼마 전 90년 만에 겪는 최악의 가뭄 속에서 건교부가 가뭄 해결 대책으로 내놓았던 것이 구체화된 셈이다. 하지만 댐 건설이 곧바로 가뭄 해결로 이어질 것인지는 냉정히 따져봐야 한다. 9월 하순까지 이어진 가뭄으로 나타난 피해는 주로 식수와 농업용수 부족. 제한 급수에 따른 식수·생활용수 부족으로 고통을 받은 인구는 시기에 따라 들쭉날쭉했지만 전국적으로 19만 명을 넘지 않았다. 가뭄이 들지 않았더라도 섬이나 내륙 산간 지역 주민 10만여 명은 항상 봄 가뭄에 제한 급수를 받아왔다.

가뭄으로 모내기를 제때 못하고 심어놓은 벼가 타 들어간 농경지는 전국적으로 5만여 ha. 전체 논 면적 115만 ha의 5%가 채 안된다. 직접 피해를 당한 입장에서는 큰 고통이었겠지만 90년 만의 가뭄에도 불구하고 이 정도의 피해라면 지금까지 가뭄에 대비해온 정부의 노력에 후한 점수를 줘도 될 것 같다.

그런데 건설교통부는 가뭄을 맞아 기다렸다는 듯이 열두 개의 댐을 건설해야 한다고 주장하고 나섰다. 2006년에는 우리 나라에

서 연간 4억 m³, 2011년에는 20억 m³의 물이 부족할 것으로 전망되기 때문이라는 것이다. 그렇다면 댐 열두 개가 건설돼 연간 12억 8,000만 m³의 물을 추가로 공급하면 가뭄 문제가 없어질 것인가. 대답은 '아니다'이다. 당장 이번 가뭄에서 보듯이 환경부가 가뭄 속에서도 오히려 팔당호 수질이 더 좋아졌다고 자랑할 정도로 한강에 물이 넘쳐흘러도 농업용수 부족, 생활용수 제한 급수는 나타났다. 화천댐 상류 지역이나 임하댐 상류 지역, 소양댐 하류 지역 등 거대한 댐을 곁에 두고도 다른 곳보다 심한 가뭄 피해가 발생했다.

물은 높은 곳에서 낮은 곳으로 흐를 뿐, 높은 곳으로 거꾸로 흐르지 않는다. 한강 물이 넘쳐나고 댐에 물이 가득 차 있어도 농업용수를 공급하려면 하다못해 양수기로 끌어올려야 한다. 그러나 그것도 가까운 곳이면 몰라도 멀리 떨어진 산골짜기까지 물을 공급하기는 어렵다. 댐 건설은 이번 가뭄에서 나타난 농업용수 부족 문제를 직접 해결하지 못한다. 농업용수나 농촌 지역의 생활용수를 확보하기 위해서는 커다란 댐보다는 물이 필요한 해당 지역 상류의 골짜기, 계곡 등에 작은 저수지를 건설하는 것이 훨씬 도움이 된다.

댐 건설은 도시 생활용수나 공업용수를 공급하는 데 적당하다. 광역 상수도처럼 거대한 송수관을 설치해 정수장을 거쳐 각 가정과 사무실, 공장으로 물을 보낼 수 있다. 그런데 정부는 2011년까지 생활용수 수요가 12억 7,000만 m³, 공업용수 수요는 6억 7,000만 m³이 더 늘어날 것으로 전망하고 있다. 정부의 전망이 전적으로 옳다고 보면 20억 m³ 가까이 늘어날 생활용수, 공업용수 공급은 댐 열두 개를 건설하는 것으로도 부족하다. 열두 개의 댐을 건설하는 데 대해서도 지역 주민이나 환경 단체의 반발이 거센 상황에서 댐을 추가로 건설할 수 있을까. 어차피 물 부족 문제를 해결할 새로운 방법을 찾아야 한다. 빗물을 활용하든지, 중수도를 도입하든지, 절수 기기 보급을 확대하든지 해서 물 수요 증가를 억제해야 한다.

정부는 또 2011년까지 농업용수 수요가 1억 2,300만 m³, 하천 유지용수 수요는 9억 4,600만 m³이 더 늘어날 것으로 전망하고 있다. 하천 유지용수는 하천에 어느 정도의 물이 일정하게 흐르도록 해서 물고기 등이 살 수 있는 하천 생태계를 유지하고 하천으로 들어오는 오폐수를 희석시키기 위한 것이다.

농업용수와 하천유지용수 수요 증가로 인해 물 부족이 나타날 수도 있다. 그러나 이 문제는 농업용수 절약과 이용 효율을 높임으로써 해결할 수 있다. 농업기반공사 등에 따르면 전체 농촌 용수로와 배수로의 74%가 흙으로 만들어져 있어 공급 과정에서 새 나가는 농업용수가 전체의 30~40%로 추산되고 있다. 또 저수지, 보洑, 관정管井 등 농촌 수리 시설 가운데 준공된 지 30년 이상 된 것이 51%를 차지하고, 당장 보수·보강 공사가 필요한 것도 47%에 이르고 있다. 이 때문에 농촌 수리 시설의 현대화와 농업용수 관리 기술의 과학화, 물을 절약하는 농법을 도입해 한 해 150억 m³이 넘는 농업용수 공급량의 10%만 절약한다면 15억 m³의 여유가 생긴다. 농업용수와 유지용수의 수요 증가를 해결할 수 있는 것이다.

이런 점에서 농촌진흥청 작물시험장 강양순 수도재배과장의 말을 귀담아들을 필요가 있다. 그는 "논물을 항상 가득 채워둬야 한다는 생각은 잘못된 것"이라며 "벼를 심고 제초 작업을 한 뒤에는 열흘에 한 번씩 논바닥을 적실 정도만 물을 공급하면 된다"고 지적했다. 절수 재배 방식을 써도 벼 생산량은 줄지 않을 뿐만 아니라 평소에 논을 비워두면 빗물을 담을 수 있어 빗물을 최대한 활용할 수 있고 홍수 예방 효과까지 거둘 수 있다는 것이다. 강 과장은 또 "밭농사의 경우 우리도 이스라엘이나 미국처럼 작물의 뿌리에 꼭 필요한 물만 방울방울 뿌려주는 점적관수點滴灌水 농법을 도입할 필요가 있다"고 강조했다.

결국 정부가 눈앞의 가뭄만을 핑계 대고 댐 건설에만 연연한다면 물 부족 문제 해결은 백년 하청百年河淸일 수밖에 없다. 특히 정부가 댐 건설 후보지를 밀실에서 결정해 지방 자치 단체에 일방적으로 통보하는 것은 주민의 반발만 불러올 뿐이다. 물은 위에서 아래로 흐르지만 물 문제 해결 방안은 당장 물이 부족한 지역에서부터 찾고 해결이 안 될 때 중앙 정부로 모아가야 한다. 시·군·구별로 물이 얼마나 필요할지, 부족한 물은 어떻게 공급할지를 파악하고 이를 바탕으로 정부가 유역별로 필요한 계획을 수립토록 해야 한다. 이것이 물을 효율적으로 공급하고 주민들의 반발도 줄이는 길이다. ＿＿ 강찬수 중앙일보 환경전문기자

하수관 없는 하수 처리장

전남 순천시의 승주 하수 처리장. 이곳으로 들어오는 하수의 수질은 BOD(생물학적산소요구량)로 7.7ppm. 처리 후 내보내는 방류수의 수질 기준 20ppm보다도 오히려 낮다. 들어오는 물을 전혀 처리하지 않고 내보내도 문제가 없는 수준이다. 인근 장성군의 장성 하수 처리장 유입수도 BOD 12.8ppm에 불과하다.

환경부가 매년 내놓은 하수도 통계 자료에 따르면 전국 150개 하수 처리장 가운데 110곳은 100ppm 이하의 하수가 들어오고 있으며 44곳은 유입수의 오염도가 50ppm에도 미치지 못하고 있다. 특히 방류수 수질 기준인 20ppm에도 못 미쳐 하수 처리가 사실상 불필요한 곳도 승주·장성 하수 처리장을 비롯해 경기도 광주군의 귀여, 전남 나주시의 산포·공산, 경북 청도군의 화양 하수 처리장 등 여섯 곳에 이르고 있다. 이들 하수 처리장은 대체로 200ppm 이상의 오폐수를 처리하도록 설계돼 있으나 부실한 하수관으로 인해 오폐수는 흘러 나가고 지하수·하천수·빗물이 흘러드는 바람에 맑아진 것이다.

현재 전국의 하수관 보급율이 62% 수준에 불과하고 빗물과 오수를 분리하지 않고 한꺼번에 모으는 합류식 하수관거가 전체 하수관거의 20%도 되지 않아 비가 오면 하수와 빗물이 한꺼번에 들어오는 실정이다. 더욱이 서울시의 경우 5m마다 한 곳꼴로 하수관이 깨지거나 잘못 연결돼 있어 서울시는 하수관 개량 사업에 2조 원이 필요한 것으로 추산하고 있다. 새만금 간척 사업 민관공동조사단에 참석했던 아주대 정윤진 교수는 "새만금 유역 하수관은 깨지거나 이음새가 벌어지는 등 3m마다 한 개꼴로 흠이 있어 하수관의 전면 개보수와 확충에만 1조 7,138억 원이 필요하다"고 지적한 바 있다.

이와 함께 대규모 하수 처리장 위주로 건설하여 하수관 연결 거리가 그 만큼 길어지게 되면서 도중에 하수가 새 나가는 것도 또 하나의 원인으로 지적되고 있다. 이 때문에 1999년 말 기준으로 전국 하수 처리장에서 처리하는 양은 하루 1,517만 t에 이르고 있으나 이 가운데 20% 이상은 오폐수가 아닌 지하수·빗물·하천수 등 맑은 물인 것으로 추산되고 있다. 이 같은 양의 맑은 물을 처리하는 데 들어가는 운영 유지비도 연간 400억 원 이상으로 추산되고 있다.

돈만이 문제가 아니다. 국내 대부분의 하수 처리장이 활성 슬러지 방법을 채택하고 있기 때문에 지나치게 맑은 하수가 들어오면 처리 효율도 크게 떨어질 수밖에 없다. 미생물들이 하수에 들어 있는 유기물을 먹고 분해하는데, 적당히 오염된 하수가 들어와야 미생물들도 활발하게 제 역할을 할 수 있기 때문이다. 실제로 승주·장성 하수 처리장의 경우 처리 과정을 거치더라도 오염 물질의 40~50%밖에는 제거하지 못하고 있다. 일반적으로 하수 처리장에서는 80% 정도 오염 물질을 제거해야 한다. 그렇지 않으면 하수가 땅속으로 새 들어가 하천은 물론 지하수까지 오염시키게 된다.

이웃 일본의 경우 하수 처리장 한 곳을 건설할 때 하수 처리장 자체의 건설비와 하수 처리장으로 연결할 하수관 정비 예산을 1대 3의 비율로 책정해 지출하고 있다. 우리 나라의 경우 반대로 하수 처리장 자체의 건설비가 훨씬 더 많은 형편이다. 1990년대 초부터 맑은 물 공급 대책에 17조 원을 사용했지만 기대한 만큼 강물이 맑아지지 않고 있는 것도 눈에 띄는 하수 처리장 건설에만 매달리고 정작 필요한 하수관 정비에는 무관심했기 때문이다. 이제부터라도 하수 처리장을 왜 짓는지 한 번이라도 따져본다면 하수관이 연결이 안 된 하수 처리장을 짓는 데에만 열을 올리지는 않을 것이다.

_____ 강찬수 중앙일보 환경전문기자

자연을 믿어라

식물의 생명력은 끈질기다. 무섭게 타오른 불길로 울창한 삼림과 자연 생태계가 무참하게 파괴된 뒤 100일 정도가 지나면 산불 현장에 경이로운 생명의 새싹이 움터 오른다.

2000년 4월 건국 이래 최대 산불이 광풍狂風으로 돌변하여 강원도 삼척, 강릉 일대 산림들이 초토화됐다. 여의도 면적의 78배인 7,034만 평이 타버렸고, 현장에는 회백색 물감을 덕지덕지 칠한 듯 뿌옇게 재가 뒤덮였다.

강원도 삼척 두타산 줄기. 산불이 난 지 3개월 정도가 지나자 죽은 줄 알았던 산불 현장에서 질긴 생명력의 참나무류가 산정상에서 산허리까지 새싹을 돋아내고 있었다. 스스로 살아나는 자연의 생명력에 의존해서 산불 현장을 그대로 놔둘 것인가 아니면 인공 복구할 것인가를 놓고 환경 단체와 산림 정책 당국 간 의견이 정면 충돌했다. 산림 당국은 경제성 있는 나무로 인공 조림을 하는 것이 바람직하다고 주장했다. 강원도 산불의 경우에서처럼 지표면의 흙마저 남아 있지 않은 곳이 더러 있다. 한데 뿌리라도 살아 있다면 싹이 터 오를 수 있지만, 그마저 소실된 경우에는 외부에서 종자를 유입하여 적극적인 인공 복구를 해야 한다는 주장이다. 독일이나 일본도 인공림 조성 등을 통해 적극 복구하고 있다.

산림청 산하 임업연구원은 산림 복구 대책 전문가 회의에서 동해안 지역이 봄철 산불에 취약한 점을 감안하여, 등고선을 따라 30m 이상 폭으로 방화수림대를 조성하는 방안을 제시하기도 했다. 자연 복구의 경우 나무의 경제성이 떨어지고 시일도 수십 년 걸리지만 인공 복구는 세계적 추세이고 피해 지역 주민들도 이를 원한다는 논리를 내세웠다. 그렇지만 환경부와 환경 단체와 일부 전문가들은 이 같은 주장이 산불로 피해를 입은 식생의 자연 복원 능력을 모르는 데서 오는 결과라고 분석했다.

환경 전문가들은 자연 복원지와 조림지 산림 회복 속도를 비교하면 자연 복원지가 조림지보다 훨씬 더 많은 생물량을 축적해 결과적으로 20년 정도의 짧은 기간에 숲으로 회복된다고 주장한다. 여기에는 숲의 가치 논쟁도 뒤따랐다. 흔히들 자연 복원림에 비해 조림지가 더 경제적이라고 생각한다. 그렇지만 숲의 경제적 가치는 최근 들어 종의 다양성 보존과 아름다운 경관의 가치 등 공익적 가치가 더 높은 점수를 받고 있다.

땅이 넓고 숲도 울창한 미국 옐로스톤 국립 공원에서는 산불이 나더라도 자연 현상의 일부로 받아들여 그대로 방치한다. 자연을 인간이 인위적으로 관리할 수 없고 간섭에는 한계가 있다고 보는 것이다. 예컨대 콜톨타소나무와 같은 나무는 종의 보존 전략으로 산불에 자신의 몸을 태워 솔방울을 떨어뜨려 발아한다. 또 산불이 나면 지상부의 유기물이나 식물 등이 소실되고 땅 표면에 직사 광선이 비치면서 햇빛을 좋아하는 초본류와 목본류들이 잘 자란다.

이런 논쟁과는 관계 없이 산불 지역 주민들은 인공 조림을 선호한다. 산 주변에 땅을 가지고 있는 주민들 가운데 과거에 조림을 했던 지역 사람들은 나중에 보상을 받았는데 그렇지 않은 지역 주민들은 보상을 못 받았다고 볼멘소리를 하고 있다. 이에 따라 누구나 나중을 생각해 나무를 심어 달라고 요청하는 추세다. 그렇지만 산불 이후 생태계의 자연 복원 능력에 좀더 깊은 주의와 관심을 기울여야 할 것 같다. ____ 예진수 문화일보 기자

개발도 보전도 내 것

정부 부처 가운데 가장 첨예하게 대립하고 있는 곳은 환경부와 건설교통부이다. 개발 시대에 주가를 올렸던 건설교통부가 환경의 시대라는 21세기를 맞아 위상이 점점 위축되고, 그 자리를 환경부가 조금씩 점령하고 있다. 국토 개발 및 관리와 수자원 정책의 주

도권을 놓고 이 두 부처가 얼굴을 붉히는 경우가 한두 번이 아니다. 사안이 생길 때마다 서로에 대한 비난이 노골적이고, 수위도 높아지고 있다.

환경부는 국토 개발 정책으로 인한 환경 파괴를 막기 위해 '국토환경보전과'라는 부서를 2000년 10월 16일 신설했다. 작은 정부 구현이 국정 최대 목표였던 당시로서는 새로운 부서의 신설(비록 총 정원 범위 내에서 기존 인력을 활용하는 것이라 해도)은 여간해서 엄두도 못 낼 때였지만 국토 난개발에 대한 공감대가 형성되어 있었던 터라 쉽게 결론이 났다.

문제는 그동안 국토 개발 정책을 추진해온 건설교통부였다. 환경부에 신설된 '국토환경보전과'가 신도시 개발의 사전 환경성 검토, 그린 벨트 구역 조정에 따른 환경 훼손 등 소관 업무를 침해하자 정면 대응에 나섰다. 대응 방안은 역시 이에 맞선 새로운 조직의 신설이었다. 지역 개발과 SOC(사회간접자본) 확충 등 기존 업무를 시대에 맞게 환경 친화적으로 추진하기 위해 '국토환경과'를 2001년 1월부터 신설하기로 했다. 환경부의 '국토환경보전과' 신설이 확정된 바로 그날 발표되었다. 이를 위해 환경직 공무원 20여 명을 신규 채용하고, 기존의 '도시관리과'와 '자동차관리과'의 명칭도 '환경'의 이미지를 담기 위해 각각 '도시환경과'와 '자동차환경과'로 바꾸겠다며 '맞불'을 놓은 것이다(이 작업은 행정자치부의 반대로 결국 무산됐다).

수질과 수량 관리의 주체를 놓고 두 부처가 벌여온 격론은 더 심각하다. 물 부족 현상이 세계적인 문제로 제기되자 같은 해 3월 환경부와 건설교통부가 발표한 수자원 정책의 내용을 보면 누가 주무 부처인지 일반인들은 도무지 알기 어렵다. 물수요목표관리제 도입, 누진요금제 확대 적용, 중수도 활용 등 똑같은 대책을 내놓았기 때문이다. 세계 물의 날(3월 22일)을 앞두고 환경부가 물 절약 운동을 홍보하는 광고를 내보내자 건설교통부는 '물 사랑을 실천하는 한국수자원공사'라는 문구로 신문의 하단을 장식했다. 영월 댐(동강댐) 건설 백지화로 앞으로 수자원 정책이 댐 건설을 통한 공급 위주에서 수요 관리로 전환될 것이라는 정부의 방침이 정해진 뒤였다. 수자원을 통합 관리하기 위해서는 건설교통부 산하 수자원공사가 환경부로 넘어와야 한다는 주장이 더욱 거세게 제기됐다. 장기적으로는 두 부처가 통합돼 외국의 경우처럼 국토 관리와 환경 보전 업무를 체계적으로 관리해야 한다는 정부 조직 개편 방안이 다시 거론되기도 했다.

행정 조직은 사회의 수요와 변화에 따라 바뀌게 마련이다. 바뀌지 않는다면 조직을 위한 조직이요, 국민이 아닌 관료들을 위한 조직일 수밖에 없다. 그래서 정부 조직 개편이 단행되고 기구가 축소 또는 확대된다. 그러나 조직을 축소해야 하는 부처의 입장에서는 변화의 수용은 곧 생존과 직결되기 때문에 보통 문제가 아니다. 정부 수립 이후 매년 한 번꼴로 조직 개편이 단행되었으나 번번이 실패로 끝난 것도 이런 이유가 가장 크게 작용했기 때문이다.

_____ 정정화 한국일보 기자

5 ___ 천덕꾸러기 환경 상품

도둑이 끓으면 GNP가 올라간다

'도둑이 들끓을수록 국민총생산(GNP)은 증가한다.'

무슨 말인가 하는 의구심을 갖기에 충분하다.

우리 국민 1인당 소득이 한때 1만 달러를 넘어섰으나 IMF(국제통화기금)로 인한 환율 급등으로 졸지에 반토막나는 등 가만히 있는 국민 소득이 춤추기도 했다. 어쨌든 환율이 어느 정도 안정되고 개인 소득이 올라가서 이제 살 만해졌다는 자긍심으로 어깨를 으쓱거릴 만도 하다. 하지만 GNP라는 경제 지표가 갖고 있는 허구 때문에 비아냥 소리도 들린다.

환경경제학자들은 흔히 "1%의 GNP 성장이 0.6%의 GNP를 수반한다"는 말을 쓴다. 앞의 GNP는 국민총생산(Gross National Product)을 칭하지만, 뒤의 GNP는 국민총오염(Gross National Pollution)을 뜻하는 말이라면 금방 이해될 성싶다. 생산과 개발로 성장이 거듭될수록 그에 비례해 우리의 국토는 환경 오염으로 찌든다는 말이다. 그래서 도둑이 들끓으면 GNP가 올라가는 믿지 못할 일이 생기는 것이다. 자동차나 컴퓨터를 도둑 맞으면 새로 살 것이고, 그것은 곧 국민총생산을 높이는 결과를 낳는다. 산림이 남벌되어도 국민총생산은 어김없이 오른다. 폭력이 난무하고 자동차 사고가 빈번할수록 국민총생산은 그 만큼 치솟는다. 병원에 환자가 몰릴 것이고, 병원의 수입이 국민총생산에 틀림없이 반영될 것이기 때문이다. 상수원이 오염되고 수돗물이 불안해 생수를 사 먹는 일도 우리의 GNP를 끌어올리는 데 한몫할 것이다.

상황은 아주 터무니없게 된다. 자기 뜰에서 키운 감자를 먹는 것보다 미국에서 재배해 가루로 만들고 얼리고 말려서 화려하게 만들어진 포테이토 과자를 사 먹으면 GNP엔 오히려 낫다. 자기 감자는 GNP엔 기여하는 바가 없지만 미국산 포테이토 과자는 운반, 판매 과정에서 수익을 떨구기 때문이다. 갯벌을 보전하는 일도 GNP 입장에서 보면 하찮다. 갯벌을 보전하면 프랑크톤이 번식해 작은 어류들의 먹이가 되고 인근의 어획고를 높이는 데다 육지의 오염 물질을 정화하는 기능까지 보태지는데도 GNP는 외면한다.

반면에 갯벌을 메꿔 항만을 만들고 농지를 조성해 쌀을 생산한다면 GNP는 반긴다.

GNP가 갖고 있는 허구는 항상 개발을 부추긴다. 어느 학자가 갯벌 보전에서 얻는 이익이 개발에서 얻는 이익보다 세 배나 많다는 연구 결과를 내놓아도 개발론자들은 외면하기에 급급하다. 미국 메릴랜드대학교 생태경제학연구소의 로버트 콘스탄자 박사팀이 낸 연구 논문 한 편은 그래서 관심을 끈다. 자연이 인간에게 주는 혜택을 돈으로 환산하면 연간 33조 달러에 이르고, 이는 인간이 경제 활동을 통해 생산하는 가치의 두 배에 달한다는 것이 바로 그것이다.

이 논문은 매년 지구 생태계별로 생산력을 도표로 작성해놓았는데, 해안 12조 달러, 바다 8조 달러 등 해양이 갖는 생산력이 20조 달러가 넘는다. 또 내륙의 경우 습지와 숲이 주는 혜택이 각각 4조 8,000만, 4조 7,000만 달러로 많은 편이며 호수-강은 1조 7,000만 달러, 초원이 9,000만 달러, 자연 계곡물이 1,000만 달러에 이른다고 분석했다. 그동안 생태계의 가치를 산출하는 것이 가능하지도 않고, 그럴 가치도 없다고 여겨온 전통적인 경제학자들의 시각을 뒤집은 결과다.

자연 파괴를 통해 총생산만 높이는 계산법보다는 자연을 지키면서 얻은 이익이 반영되는 GNP 계산법, 즉 '녹색 GNP' 도입이 그래서 필요한 것 같다. ___ 이정윤 일간보사 기자

천덕꾸러기 환경 상품

1999년 하반기의 어느 날, 서울 삼성동 현대백화점 앞에서는 당시 주가를 높이던 개그맨의 사회로 현란한 쇼가 펼쳐지고 있었다. 지나가던 사람들은 모두 이 무대를 응시하고 있었고, 인기 가수의 노래와 함께 화려한 율동이 전개됐다. 수많은 사람들의 눈과 귀를 집중시켰던 이 이벤트는 다름 아닌 환경 상품전 개막 축하 행사였다.

현대백화점 9층에서는 재활용 종이 제품 등 다양한 환경 상품이 전시됐고, 주최측은 이런 전시회를 일반인들에게 널리 알리기 위해 화려한 쇼를 곁들였다. 무대 아래 거리에서는 김명자 환경부 장관을 비롯한 환경 관련 주요 인사들이 환경 상품 애용 홍보 전단과 함께 상품을 직접 나눠주며, 환경 상품 널리 쓰기 장려 운동을 벌였다. 한마디로 환경상품애용운동의 극대화를 노린 것이었다.

그로부터 이틀이 지난 후 기자는 취재차 현대백화점을 다시 찾아갔다. 그런데 화려한 개막쇼가 열렸던 무대와 환경 상품전 홍보 현수막은 거의 자취를 감췄고, 전시회가 열리고 있는 백화점 9층에서는 놀랄 만한(?) 정도의 썰렁함만이 가득했다. 환경 상품을 구경하기 위해 찾아온 사람들은 드물었고, 행사 주최 관계자들만 일부 자리를 메우고 있었다. 갑작스런 분위기 변화에 당황한 기자는 주최측 관계자에게 이유를 물었고, 돌아온 대답은 하루에 딱 한 번 환경 상품전 홍보를 한다는 것이었다. 전시회 기간이라도 길거리 홍보를 늘려야 하지 않겠느냐는 지적에, 주최측은 홍보 횟수를 두 번으로 확대하겠다고 궁색한 답변을 했다.

이때의 경험은 환경 분야를 취재하기 시작한 지 얼마 안 된 상황에 있었지만, 국내 환경 상품의 현주소를 파악할 수 있는 계기가 됐다. 제조업체나 환경업계 관계자를 만나면, 환경 상품이 제대로 활용되지 못하고 있는 것에 대해 일단 국내 환경 상품의 질적 수준이 낮고 일반 소비자들의 기피가 주요 원인이라고 한다. 예를 들어 일본의 경우 환경 상품의 수준이 오히려 일반 상품보다 뛰어난 경우도 많은데, 국내에서는 그렇지 못한 경우가 대부분이라는 것이다. 실제로 일본에서 열리는 환경 상품전을 둘러본 업계 관계자는 일본 환경 상품의 질이 너무 뛰어나 놀라움을 금치 못했다고 실토했다. 반면에 국내 일반 소비자들의 환경 상품에 대한 기피는 심각할 정도다. 물론 과거 못 먹고 못살던 시대에 대한 반감(?)일 수도 있겠지만, 아무튼 환경 상품에 대한 무관심은 지나치다고 아니할 수 없다. 더욱이 기성 세대는 그렇다 치더라도 자라나는 세대에까지 이런 유산(?)을 물려준다면 우리 나라의 미래는 그리 밝지 않다고 할 수 있을 것이다.

최근에는 다행히 국내 환경 상품의 질적 수준이 많이 나아지는 추세를 보이고 있다. 지난 6월 서울 삼성동 코엑스에서 열린 국제 환경 상품전에는 환경 친화적인 제품이 많이 등장했다. 팩시밀리를 비롯한 다양한 전자 제품이 등장해 관람객들의 관심을 끌었다. 이 제품들은 한마디로 환경 공해를 최소한으로 줄인 미래 지향적인 상품이었던 것이다. 이런 추세는 매일경제TV(MBN, 채널20)에서 방영했던 환경 전문 프로그램 '그린 2000' (2000년 4월~2001년 4월 방송)에서도 드러났다. 이 프로그램에서는 다양한 환경 상품이 소개됐는데, 소비자들의 상반된 행태가 많이 표출됐다. 예를 들어 모 회사에서 만든 리필용 가스통의 경우 상당한 관심을 끌어 방송국에 문의 전화가 많이 왔던 반면, 대중성이 떨어진 제품들은 소비자들의 문의 전화가 뚝 떨어진 것을 실감할 수 있었다.

현재 국내 환경 상품의 소비는 상당수가 조달청을 통해 정부 기관과 공공 기관에 강제로(?) 할당되는 경우가 많은 게 사실이다. 하지만 재활용 상품을 이들 기관 종사자들이 선호하고 있는지는 반문하지 않을 수 없다.

환경상품애용운동을 펼치고 있는 환경 단체 종사자들은 최근 선진적인 소비 행태에 눈을 뜨고 있다. 환경 상품을 소비자들의 감성에 의존해서 무조건 써 달라고 부탁하는 것은 무리라는 지적이다. 이제는 제품의 질을 높이고, 좀더 소비자들의 관심을 끌 수 있는 제품을 만들어야 한다는 것이다. 이런 점에서 일본 등 선진국의 환경 상품 제조 사례는 우리가 꼭 배워야 할 좋은 선례라고 할 수 있다. 일반 소비자들도 이제는 자원 재활용에 대한 인식을 새롭게 할 필요가 있다. 자원이 대부분 무한재가 아닌 유한재인 만큼 아껴 쓰고 다시 쓰는 습관을 길러야 하는 것이다.

지난 1970년대 초등 학교를 다니던 시절 기자는 거북선 표지가 붙은 공책을 쓸 때면 항상 연필에 침을 묻혀 쓰곤 했다. 종이의 질이 좋지 않아서 반드시 책받침을 밑에 대고 글씨를 써야 했고, 그렇지 않으면 글씨쓰기가 여간 어렵지 않았다. 이런 기억은 어릴 적 천진난만하게 놀던 것과 함께 머릿속 편린으로 남아 아련한 추억으로 남아 있다.

이제 우리도 질 좋은 종이를 만들게 됐는데, 재활용된 비교적 질이 낮은 종이를 쓰라고 하면 반발 심리도 적지 않을 것이다. 하지만 좀더 나은 미래를 위해 환경 상품에 적극적인 관심을 갖는 우리 국민들의 소비 문화를 주문하고 싶다. ___ 김종철 MBN 기자

경제 발목 잡는 환경

"저 넓은 땅을 그냥 놀리다니. 개발하면 엄청난 돈을 벌 수 있을 텐데……."

"저 땅 위에 자라고 있는 나무, 나무들이 보여주는 풍광, 인간에게 제공하는 휴식 등을 모두 따져보면 개발하는 것보다는 그냥 보존하는 게 더 경제적일지도 모른다."

필자가 최근 미국 로드아일랜드 대학에서 방문 연구원 생활을 하면서 미국인 친구와 나눈 대화다.

그 친구와 나는 우연히 같은 사무실을 단둘이 쓰는 사이가 되면서 점심 때마다 가까운 음식점으로 드라이브를 즐기곤 했다. 로드아일랜드 대학이 있는 킹스턴 지역은 보스턴이나 프라비던스 같은 대도시에서 자동차로 30분에서 1시간 30분 정도 거리에 있는 일종의 베드타운이다.

주택난을 겪었던 한국에서 기자를 하고 있는 필자로서는 당연히 아파트나 빌라촌을 지어 분양하면 좋을 거라는 생각부터 했다. 개발을 떠올린 것이다. 아마 우리 나라 사람 가운데 많은 분들이 미국을 방문하면서 필자와 비슷한 생각을 했을 거라고 생각한다. 하지만 환경경제학 박사 학위를 눈앞에 두고 있던 미국인 친구의 생각은 전혀 달랐다. 숲이 갖는 경제적 가치를 따져보면 오히려 개발이 마이너스가 될지도 모른다는 얘기다. 보존론이다.

산업화에다 도시화가 급진전되면서 개발과 환경 보존 간에 갈등이 이만저만이 아니다. 환경 규제에 대해 부정적인 사람들은 '먹고 살기도 바쁜데 환경이 밥 먹여주느냐' 고 노골적으로 불만을 터뜨린다. 또 '환경 보존론은 결국 배부른 선진국의 논리에 개도국이 춤추는 양상에 불과하다' 며 국제 역학까지 들먹인다.

당장 환경 때문에 사업 추진에 제동이 걸린 사람의 심정을 생각하면 전혀 이해 못할 얘기도 아니다. 그러나 개발 사업주 개인의 입장을 다 봐주기에는 환경 파괴가 가져오는 재앙이 너무나 심각하다는 데 이르면 얘기가 완전히 달라진다. 일본에서 일어났던 수은 중독 사건만으로도 그 심각성은 더 언급할 필요가 없을 듯하다. 게다가 경제적으로도 '일방적인 개발' 이 오히려 손해라면?

적조 현상을 예로 들어보자. 해마다 봄가을 철에 대도시 주변에 위치한 바닷가를 가보면 바닷물이 불그스름하게 변한 걸 보곤 한다. 대도시 오폐수 속에 들어 있는 영양 염류가 해양 플랑크톤의 이상 증식을 불러일으키면서 생기는 현상이다. 이때 인근 바다에

사는 물고기는 모두 죽게 된다. 양식장 주인의 1년 농사는 보나마나다. 바닷가 도시에 생산 시설을 짓는 건 물류 비용을 줄이고, 인력을 확보하는 데 기본이다. 하지만 그런 개발이 또 다른 주요 산업인 수산업을 망하게 만든다면 결국 국가적으로, 지구 전체적으로 보면 그다지 남는 장사가 아니라는 결론이 나온다.

일방적인 개발이 재앙을 부르는 악순환을 가장 극명하게 보여주는 수치는 전세계 어획량의 변화다. 해양 자원은 인류에 식량원으로서 매우 중요하다. 게다가 바다는 무한할 것 같은 환상을 누구나 갖고 있다. 바다는 지구 표면의 70%나 차지하고 있고, 깊은 곳은 1만 m를 넘기 때문에 무궁무진한 자원이 있을 거라고 생각하기 쉽기 때문이다. 그러나 세계의 어획량은 지난 1980년대 말 연간 9,000만 톤 남짓을 정점으로 점차 줄어들고 있다. 한마디로 씨를 말릴 정도로 잡아버렸기 때문이다. 환경 관리에서는 누구보다도 막강한 능력을 보유하고 있다는 미국 정부도 대서양 지역에서의 어족 관리에서 사실상 실패했다고 자인하고 있는 판이니 나머지 해역은 두말할 필요도 없다. 지금은 미국의 선출직 공무원 가운데 누구도 어족 자원 관리에 대해서는 외면한다는 얘기가 공공연하게 떠돌 정도다. 공연히 건드려 봤자 표만 떨어질 게 뻔하다는 판단이 작용하는 것이다.

환경 문제는 한번 실기하면 회복하는 데 엄청난 비용과 노력이 들어간다는 교훈을 얻을 수 있는 또 하나의 예다. 환경과 경제 사이의 갈등은 이런 저런 이유로 결국 '지속 가능한 개발'이라는 애

매 모호한 화두를 우리에게 던졌다. 한 번에 왕창 세금을 매겨서 기업이 죽으면 더 이상 세금 걷지 못하게 되기 때문에 기업이 어느 정도 굴러갈 수 있도록 해줘야 한다는 전세계 세리들의 금언을 생각하면 이해하기 쉬울 수 있다. 한마디로 자원은 한정돼 있기 때문에 개발은 자연이 자기 복원할 수 있는 시간과 여유를 주면서 이뤄져야 한다는 얘기로 이해하면 될 듯하다.

말은 쉽지만 지속 가능하게 한다는 것은 경제 활동에 커다란 의미를 갖는다. 자본주의 사회에서 가장 직접적인 당사자는 역시 기업이다. 기업의 생산 패턴은 자원 소비형에서 자원 순환형 내지 오염 예방형으로 바뀌어야 한다. 과거에는 원료 노동 에너지를 투입해 폐기물에 대한 걱정 없이 제품을 만들어 비싸게 많이 팔면 그만이었다. 하지만 각종 규제가 가해지고 소비자의 환경에 대한 관심이 높아지면서 환경에 소홀한 기업은 설자리를 잃기 십상이다. 이제 기업은 폐자원을 재활용하고 폐에너지를 다시 쓰는 효율적인 생산 시스템을 갖추지 않고서는 기업의 최고선인 이익 창출을 못하게 될지도 모르는 상황이 전개되고 있는 것이다. 환경 친화적이라는 게 기업의 가치를 매기는 주요한 변수가 되고 있다. 심지어는 은행의 대출에서 변수로 작용하기 시작했다.

필자의 아들은 초등학교 2학년과 유치원 학생이다. 그런데 이들은 환경 문제에 대해 벌써부터 교육을 받고 있다. 지금 기성 세대와는 전혀 다르다. 이들이 기성 세대가 됐을 때 환경 문제가 어떤 대접을 받을지는 예상하기가 어렵지 않다. 환경과 경제의 갈등

은 이미 답이 나와 있는지도 모른다. ___ 윤구현 매일경제신문 기자

ET 전성 시대

21세기는 환경 시대다. 21세기에 가장 부가 가치가 높은 산업으로 환경 산업(ET)과 정보(IT) · 생물(BT) 산업, 항공 우주 산업이 꼽힌다. 그중에서도 앞으로 환경 문제가 지구촌의 가장 중요한 문제로 등장하고, 선진국을 중심으로 갈수록 환경 규제가 강화되면서 환경 산업이 21세기 최대 산업으로 떠오르고 있다. 특히 환경 산업은 거의 모든 산업과 연관성이 있어 환경 산업의 경쟁력이 우리 경제의 경제력을 가늠하는 척도가 될 것이다.

세계 환경 시장은 1992년 브라질 리우에서 개최된 유엔환경개발회의 이후 급성장하기 시작했고, 1990년대 이후에는 3~4%의 안정적인 성장세를 유지하고 있다. 환경 백서에 따르면 1992년도에 2,950억 달러에 이르렀던 세계 환경 시장 규모가 전세계적인 산업 발전과 환경 라운드인 다자간 국제 협약들이 발효되면서 급격히 성장해 1996년도에는 4,530억 달러 규모로 커졌으며 2001년에는 5,500억 달러, 오는 2005년에는 6,610억 달러에 이를 것으로 예측되고 있다.

1999년 세계 환경 시장 규모는 세계 자동차 시장 규모 1조 370억 달러의 절반에 해당하는 수준으로, 세계 정보 통신(IT) 시장 규모 8,820억 달러, 세계 메모리 반도체 시장 규모 1,750억 달러를

앞서고 있다. 또한 2003년에야 각각 740억 달러, 4,200억 달러, 2,500억 달러에 이를 것으로 전망되는 생물 산업(BT), 의약 산업, 항공 우주 산업 등과 비교해볼 때 훨씬 큰 규모로서 21세기 환경 산업의 비중을 짐작하게 해준다. 이에 따라 미국과 일본, 독일 등 선진국들은 차세대 환경 기술 개발에 총력을 기울이고 있는 상황이다. 세계 환경 시장에서 북미와 서유럽, 일본 등 OECD 국가가 차지하는 비중이 전체의 80%이고, 미국이 세계 환경 시장의 35%, 독일이 20%를 각각 차지할 정도로 환경 산업은 선진국형 첨단 산업이다.

지난 10년 동안 연간 5% 이상 고성장을 계속하고 있는 세계 환경 산업 시장은 선진국들보다는 일본을 제외한 아시아 지역에서 연 18%의 성장세를 유지하고 있고 남미 지역이 13.6%의 성장률을 보이고 있다. 도시화와 산업화가 급진전되고 있는 개발 도상국에서 환경 산업의 성장 속도가 빨라지는 것은 당연한 일이며, 세계무역기구(WTO) 체제에서 환경 문제가 본격 논의된다면 앞으로 환경 산업의 시장 규모는 더욱 확대될 전망이다. 지구 환경 문제에 대한 논의가 본격화되면서 선진국에서는 환경 문제를 무역과 연계하려는 움직임이 더욱 강하게 나타날 것이며, 첨단 환경 기술을 보유하고 있는 선진국들이 세계 환경 시장을 지배하려 들 것이다.

일본의 경우 지난 1993년부터 오는 2020년까지 정보 통신과 환경, 생명 공학 산업을 3대 유망 산업으로 선정해 중점 육성하고 있고, 미국도 환경 산업을 수출 전략 산업으로 육성하고 있다. 특히 독일의 경우는 정보 통신 산업보다도 환경 산업을 집중 육성해서 세계 최고의 환경 기술국의 자리를 차지하고 있다. 따라서 미래의 유망 산업이라면 세계 어느 곳에서든 정보 산업과 생명 공학 산업을 들지만, 세계 환경 시장의 20%를 차지하고 있는 독일인들은 환경 기술 산업을 먼저 꼽기도 한다.

국내 환경 산업 시장의 규모도 지난 1996년에 약 5조 6,400억 원, 2001년에 7조 4,400억 원, 오는 2005년에는 16조 원 규모로 늘어날 전망이다. 이에 따라 우리 정부도 환경 산업을 정보 · 생물 산업과 함께 국가 전략 산업으로 육성하겠다는 방침 아래 2001년 1월 환경부와 산자부, 과기부 등 8개 부처 합동으로 '환경산업발전전략'을 마련했다. 이 발전 전략에 따르면 환경 산업을 집중 육성하기 위해서 환경부차관을 단장으로 하는 환경산업육성기획단을 구성하는 한편 2001년부터 2003년까지 3년 동안 1조 9,700억 원 (정부부문 1조 5,191억 원, 민간부문 4,529억 원)을 투입해 첨단 환경 기술을 중점적으로 개발 보급하고, 유망 환경 벤처 기업을 발굴해 스타 기업으로 육성할 계획이다.

이 같은 추세에 발맞춰 2000년 5월 벤처 협회에 등록된 31개 업체를 비롯해 모두 73개 업체가 모여 환경벤처협회를 만들어, 정부와 보조를 같이하고 있다. 환경부도 환경 벤처 기업을 육성하기 위해 올해 100억 원의 펀드를 조성하는 것을 비롯해, 오는 2003년까지 민관 합동으로 900억 원 규모의 펀드를 조성할 계획이어서 이제는 환경 산업이 최근 소강 상태를 보이고 있는 정보 산업에 이

어 뜰 준비를 하고 있다. 드디어 환경 산업 시대가 다가오고 있는
것이다. —— 조성돈 평화방송 기자

하수구도 관광지

예술과 낭만의 도시인 프랑스 파리.

이 도시의 명물인 에펠탑 부근에는 전혀 엉뚱한 관광지가 하나
있다. 우리로서는 놀랄 일이지만, 파리 시민들이 버린 생활 하수를
흘려 보내는 하수구가 바로 관광지다. "냄새 나는 하수구가 관광
지"라고 고개를 갸우뚱거릴지 모르지만 우리 돈으로 자그마치
3,000원이나 되는 입장료를 내고도 이곳을 찾는 사람들이 매일
100여 명이 넘는다면, 궁금증은 더해질 것이다.

서너 명이 간신히 오갈 수 있는 지하 입구를 따라 내려가면 매
케한 하수 냄새에 잠시 언짢지만, 금방 기분이 밝아지는 경험을 하
게 된다. 캐주얼 차림의 여성 자원 봉사자가 재빨리 관광객들에게
다가와 자신의 소개와 함께 파리 하수관에 대한 친절한 설명을 늘
어놓기 때문이다.

파리 하수구는 우리들이 흔히 보아온 국내 하수구와는 달리 매
우 커 차라리 하수 터널이라고 해야 옳을 것 같았다. 이 하수구는
관광객들을 위해 특별히 크게 만든 것이 아니라 파리 어느 곳이나
지나가는 하수구 가운데 시민들이 접근하기 쉬운 곳을 관광객들을
위해 개방한 것이다. 작은 시냇가처럼 4~5미터 폭으로 흐르는 하

숫물을 따라 견학하는 동안 파리의 하수 처리 역사, 하수 처리장 수, 하수 처리 비용 등 안내자의 설명이 곁들여진다.

"파리에서는 금반지를 하수구에 빠뜨려도 금방 찾을 수 있어요."

안내자의 말에 관광객들이 놀란다.

파리의 하수 관리 당국에 연락하면 금반지를 빠뜨린 집에서 연결된 하수관과 하숫물 속도 등을 감안해 특정한 장소에서 찾을 수 있다는 농담이었다. 거미줄같이 잘 정비된 하수관 망에 대한 안내자의 자랑이 배어 있는 진담으로 들렸다. 나폴레옹 시대에 벌써 하수 처리에 눈을 뜬 파리는 '통 큰' 나폴레옹 덕분에 밀레니엄 시대에도 혜택을 보고 있다. 터널 같은 대형 하수관이 땅에 묻힌 덕에 파리 시민들은 지금도 아무데나 담배 꽁초를 버릴 자유를, 그리고 아무 곳에서나 개에게 똥을 누일 권리를 만끽하고 있는 것이다.

물론 그런 자유가 부럽지도 않고, 부러워해서도 안 될 일이다. 하지만 땅 밑에 묻혀 아무도 관심을 두지 않는 하수관을 자신 있게 내보이는 자신감만은 부럽기 그지없다. 깨지고 막히고 끊긴 우리의 하수관을 떠올리면 지금은 화도 나지만, 쓰레기 매립장이든 공장 폐수 처리장이든 깨끗하게 처리하고 남에게 자신 있게 내보이는 날을 기대해본다. _____ 이정윤 일간보사 기자

환경 테마 주 뜬다

환경 산업은 반드시 성장한다. 경제 발전이 되면 될수록 삶의 질을 추구하는 인간의 욕구가 늘어나고, 환경에 대한 투자가 증가하기 때문이다.

요즘 환경에 대한 관심이 부쩍 높아지면서 환경 관련 주가 주목을 끌고 있다. 이미 환경 부문 사업을 갖고 있는 기업들은 주식 시장에서 짭짤한 재미를 봤다. 주가 상승을 통해 기업은 내재 가치를 더욱 높였고, 일반 투자자는 부富가 늘어나는 효과를 봤다. 그런데 아마도 큰 관심을 끌고 있는 부분은 환경을 전문으로 하는 기업들의 성장 가능성일 것이다. 이미 주식 시장엔 '환경비전21', '에코 솔루션' 등 일부 환경 전문 벤처 기업들이 엄격한 심사를 거쳐 코스닥에 상장됐다. 이 같은 기대를 반영하듯 환경 업체 최초로 코스닥에 등록한 환경비전21은, 일정 기간 당초의 기대(?)를 뛰어넘은 상한가 행진을 지속하며 환경 업계의 총아로 부상했다. 주식 시장이 침체된 가운데서도 한껏 발군의 실력을 뽐낸 이 회사는 현재 가장 주목받는 환경 전문 회사로서의 입지를 다지고 있다.

그럼 환경 업체들은 주식 시장에서 어느 정도 성장할 수 있을까? 업계 관계자나 전문가들의 말을 빌리면 아직까지는 '아니올시다(?)'이다. 국내 환경 시장 여건이 성숙되지 않은 데다 업체들의 환경 사업 대부분이 소규모 공사 위주로 진행되고 있어, 매출액이 여타 중소 기업 수준을 벗어나지 못하고 있기 때문이다. 상당수 환경 업체 사장들은 환경 업체들의 코스닥 진출과 관련해 회의적인 시각을 보이고 있다. 대규모 매출과 수익이 이뤄지고 있지 않은데, 어떻게 주가 관리를 할 수 있느냐는 지적이다. 이 같은 주장은 비교적 오랜 기간 환경 사업을 전개해온 기존 업계에서 전하고 있다.

반면에 1990년대 중·후반 이후에 등장한 신생 업체 사장들은 이에 대해 반론을 펼친다. 어차피 기업이 성장하려면 돈이 필요하고, 주식 시장을 통해 재원을 조달하는 것이 불가피하다는 것이다. 환경 업계를 대규모로 키우기 위해서는 이 같은 노력이 반드시 따라야 한다는 주장이다.

이런 가운데 코스닥에 등록한 업체 사장들은 지난 1999년 일어났던 코스닥 열풍을 내심 기대하기도 한다. 어차피 국내 주식 시장은 기업의 내재 가치와는 별개로 분위기(?)를 잘 타면 한 번에 돈을 많이 벌 수 있다는 것이다. 특히 이들 신생 환경 업체 사장들의 이력을 보면 다소나마 이해에 도움이 된다. 1990년대 중·후반 이후에 등장한 환경 업체 사장들은 기존 엔지니어 출신 이외에 공인 회계사와 같은 다양한 이력도 지니고 있다. 해외에서 공부하고 돌아온 인재들이 많이 있을뿐더러 무엇보다 그들은 돈이 있는 곳을 알고, 돈이 있는 곳을 찾아 나설 줄 아는 감각을 보유하고 있다.

그럼 환경 테마 주가 뜨기 위해서는 어떤 동인動因이 필요할까? 업계 사람들은 무엇보다 환경 사업의 독립성을 주장한다. 현재는 전반적인 환경 관련 사업이 건설 부문에 종속돼 있어 일을 하기가 쉽지 않다고 한다. 또 일의 메커니즘이 일단 건설 회사를 거쳐 하청 받는 형식을 띠기 때문에 매출액도 적고, 그 만큼 수익성도 떨어진다고 지적한다. 이들은 이에 대한 대책으로 환경부와 건설부의 미래 지향적인 협력 관계 구축을 희망하고 있다. 부처 이기주의를 떠나 민간에 도움이 될 수 있는 실질적인 관계 정립을 원하고 있다. 주식 시장에서는 '환경'이란 독립된 업종을 갖길 원하고 있다. 그래야 환경주가 시장의 관심을 불러일으키고 본격적인 주가 상승을 위한 모멘텀을 갖추게 된다고 믿는 것이다. 업계 사람들은 환경 산업 육성을 위한 정부의 강력한 지원을 바란다. 정부가 실질적인 지원책보다는 허울 좋은 명목상의 정책을 남발하는 것이 아니냐는 지적도 하고 있다.

이런 점에서 2001년 7월 중국 베이징에 국내 환경 산업 전시관을 개설한 것은 잘한 일이라고 할 수 있다. 전직 환경부 고위 관료에서 환경 벤처 업체 사장으로 변신한 모 인사는 우리 나라가 향후 세계 환경 시장에서 가장 급속한 성장을 보일 것이라 단언한다. 선진국은 이미 환경 시장이 성숙돼 있어 성장률이 낮지만, 우리 나라는 경제 발전에 따른 환경 투자가 급속도로 이뤄지고 있어 성장률이 무척 높을 것이란 얘기다. 이 같은 사실은 올 초 프랑스의 모 다국적 기업이 국내 기업인 조양화학을 인수하고, 비벤디 등 세계 유수 기업들이 국내에 속속 상륙하는 것에서 알 수 있다. 결국 이런 환경 변화는 국내 업체들에게 큰 기회로 작용하는 동시에 시련을 안겨줄 수 있을 것으로 전망된다. 선진 기업들의 기술을 습득하는 것은 기회이지만, 자칫 국내 시장을 이들 외국 기업에 급속히 내줄 수 있는 위기감이 작용하는 것이다.

이런 점에서 정부는 국내 업체를 좀더 실질적으로 지원하는 역할을 수행해야 할 것으로 보인다. 그동안 국내 환경 업체들은 베트남 등 동남아 국가를 비롯해 13억의 거대 인구를 가진 중국에 진출하기 위한 노력을 다각도로 펼쳐왔다. 아직은 가시적인 성과가 드러나고 있지 않지만, 이들 국가에서는 국내 환경 업체에 지속적인 관심을 보이고 있다. 특히 중국의 경우 2008년 하계 올림픽을 유치하면서 환경에 대한 좀더 많은 투자가 기대되고 있다.

결국 국내외적인 환경 변화는 국내 환경 업체들에게 좀더 발빠른 대응을 요구하고 있고, 업체들 역시 기존의 정적인 이미지에서 동적인 이미지로 탈바꿈하려는 노력이 필요하다. 환경 산업은 더욱 빠른 시일 내에 성장의 길로 들어설 것이다. 그런 점에서 최근 환경 전문 기업들의 코스닥 등록은 많은 가능성을 갖고 출발했다. 아직은 채 익지 않은 과일이지만, 정부에서 시의 적절하게 농약을 뿌리고, 토양의 자생적인 기반을 갖춘다면 우리 환경 산업은 맛있는 열매로 결실을 맺을 것이다. _____ 김종철 MBN 기자

환경은 돈이다

최근 의약 분업으로 병원비 부담이 늘어났다고 불평하는 사람들이 많다. 감기 등 경질환으로 병원을 찾는 경우가 많은데 의약 분업 이전보다 진료비 부담이 50% 정도 늘어났다는 볼멘 하소연이다. 그러나 환경이 오염돼 가벼운 질병이 늘어서 병원비 부담이

늘었다고 느끼는 사람은 많지 않다. 실제로 어린이들의 경우 병원을 찾는 대부분이 감기 때문이지만 병원에 가지 않고 견뎌보고 싶어도 폐렴이나 중이염으로 발전해 부모 처지에서는 병원을 찾지 않기가 쉽지 않다. 그러나 감기에 잘 걸리는 것은 환경 오염이 주요한 원인이다. 공기가 좋은 시골에서는 감기에 잘 걸리지 않는다. 환경 보존이 잘 돼 있는 미국이나 호주, 캐나다 등에 살다 우리 나라에 온 사람들은 이 같은 어려움을 호소한다. 환경이 바로 돈이요, 건강인 대표적인 경우다.

그동안 우리는 아름다운 자연을 구경할 때에는 돈을 지불해왔다. 국·도립 공원 입장료가 그것이다. 아름다운 자연을 보고 즐기는 대가로 돈을 지불하는 데는 익숙해 있다. 그러나 환경이 곧 돈이라는 사실에는 익숙하지 않다. 우리 국민들이 환경이 돈이라는 것을 가장 많이 경험한 것은 쓰레기분리수거제도를 시행하면서다. 이 제도의 시행으로 시민들은 쓰레기를 버리는 데 불편함을 감수하고 있고, 쓰레기 봉투를 사서 사용하면서 환경의 중요성을 알게됐다. 또 서울 강남의 한강이 보이는 아파트가 한강이 보이지 않는 아파트보다 최고 1억 원이 비싸고, 단지 환경이 좋다는 이유로 아시안 게임 선수촌 아파트가 압구정동 아파트보다 훨씬 비싸다. 환경이 부동산 값을 결정하는 것이다. 앞으로는 공기 좋고 물 좋고 전망 좋은 곳이, 교통과 학군과 함께 부동산 가격을 결정하는 주요 변인이 될 것이다.

환경, 무한재라고 여겼던 공기와 물, 흙 등은 오늘날에는 더 이상 무한재가 아니다. 인간이 자연을 아끼지 못하고 무차별로 훼손한 까닭에 이제는 대가를 지불해야 한다. '물 쓰듯 한다'는 속담이 이제는 바뀌어야 하는 세상이 된 것이다. 이미 수도권 시민은 지난해부터 물이용부담금을 톤당 100원씩 지불하고 있고, 조만간 낙동강과 금강, 영산강 등 4대 강 모두에 물이용부담금이 부과될 전망이다. 수도 요금 이외에 깨끗한 물을 보존하기 위해 개발을 자제하고 있는 한강 중·상류 주민들에게 또 다른 물 값을 내는 것이다.

이런 추세라면 앞으로 멀지 않은 장래에 우리는 공기세나, 또는 물처럼 공기에 대한 '이용 부담금'을 아마존이나 시베리아 밀림 지역 주민들에게 내야 할지도 모른다. 인간의 지혜로 환경 오염 문제를 극복하지 못하면 21세기 말에는 지구의 존폐나 인류의 멸망을 심각히 걱정해야 하는 상황에 직면하게 된다고 미래학자들은 경고하고 있다. 이쯤되면 환경은 돈의 문제를 뛰어넘어 생존의 문제로 다가온다.

환경 파괴가 심각해지면서 환경 파괴가 곧 인류를 멸망시킬지도 모른다는 위기감이 팽배해지고 자연 보호의 중요성을 자각하면서 환경 파괴를 최소화하자는 기류가 확산되고 있다. 하나뿐인 지구의 환경 파괴를 최소화하면서 경제 개발을 해 나가자는 지속 가능한 경제 개발은 이제 21세기의 주요 패러다임으로 등장하기에 이르렀다. 지구촌의 대기를 보존하기 위해서는 아마존과 같은 적도 지방의 원시림을 보호해야 하고, 브라질 같은 나라가 열대림을 개발하지 않고 보존하는 대가로 다른 나라에서는 수익자 부담 원

칙에 입각해서 공기세를 내야 하는 날이 올 수도 있다. 지구 차원에서 맑은 공기를 확보하려면 원시림을 보존해야 하고 자본주의 시대에서 어떤 식으로든 대가를 지불해야 마땅할 것이다.

이런 상황을 미연에 방지하기 위해서 지속 가능한 경제 개발을 하자는 논의가 한창이다. 우리 나라도 2000년에 지속가능발전위원회가 대통령 직속 기구로 설립돼 개발과 보존을 조화시키기 위해 활동을 시작했지만 아직은 걸음마 단계다. 이제 환경은 돈이다. 아니, 돈의 문제를 넘어 생존의 문제가 될 것이다. _____ 조성돈 평화방송 기자

6 ___ 우물 안 환경 외교

시늉만 낸 '리우+1O' 유치

  브라질 리우환경회의 10주년을 기념해 '리우+10'이라고도 하는 지구정상회의가 2002년 9월 남아프리카공화국 요하네스버그에서 개최된다. 리우+10은 지난 1992년 6월 리우회의에서 채택됐던 '의제 21'에 따라 세계 각국이 지속 가능한 개발 전략을 어떻게 마련해서 실천하고 있는지를 점검하고 각국의 경험을 공유함으로써 향후 더 나은 실천 방안을 모색하는 것을 목표로 하고 있다. 대회 자체만으로도 세계 100여 개국 정상을 비롯해 5만 명 이상의 대표단이 참가하는, '2002 월드컵'에 못지않은 중요하고 큰 행사다.

이 때문에 한국 정부도 2000년 4월 유엔지속가능개발위원회 (UNCSD)에서 김명자 환경부장관이 "개최지 선정 협의 과정에서 여건이 허용된다면 이 회의를 주최할 용의가 있다"고 밝혔다. 하지만 한국은 개최 의사가 있다고 밝히는 수준에서 끝내고 적극적인 노력을 보이지 않았고 결국 회의 유치는 무산됐다. 당초부터 외교부 등 정부 내부에서는 리우+10이 2002 월드컵 대회 기간과 겹친 데다 대통령 선거를 앞둔 시점이라는 점, 100개국의 정상이 참가하는 대규모 회의를 개최한 경험이 없다는 점을 들어 부정적이었다. 더욱이 남아공이나 브라질이 한국보다 먼저 개최 의사를 밝힌 것이나 개최국으로서 '온실가스 감축의무부담'과 같은 뭔가를 내놓아야 한다는 것도 걸렸다.

반면 환경 전문가들과 시민 환경 단체(NGO)들은 "한국이 국제 환경 논의를 주도하는 환경 선진국으로 자리매김할 수 있고 환경에 대한 국민적 관심을 높이는 계기가 될 것"이며 "월드컵이나 아셈 회의를 위한 시설을 활용할 수 있다"면서 정부에 유치를 촉구했다. 이 같은 전문가와 NGO의 끈질긴 요구에도 정부는 요지부동이었고, 관심을 갖고 있던 환경부도 외교부의 눈치만 살피다가 포기했다. 그러다가 NGO측이 김대중 대통령을 직접 설득했고 대통령의 지시가 있자 외교부와 환경부가 마지막에 방침을 바꿔 유치 의사를 밝히게 됐다.

이에 따라 러시아 등 일부 국가도 한국의 회의 유치에 지지를 보냈고 유엔환경계획(UNEP)측에서도 "다른 곳에서 리우+10회의 를 열더라도 월드컵 대회 기간과 중복되는 것은 피하는 게 좋다"는 입장을 보이며 간접적인 지원을 보냈다. 그러나 외교부는 적극적 인 유치에 나서지 않았다. 회의를 치러낼 자신감이 부족했던 데다 유치에 나섰다가 실패라도 하면 문책을 당하지나 않을까 하는 우려 때문에 대통령의 지시에 따르는 시늉만 했다. 당장 중국이나 인 도네시아가 회의를 개최하도록 지원한 이웃 일본을 설득하려고도 하지 않았다. 결국 리우회의 개최국인 브라질이 제외되고 가장 적 극적이었던 남아공이 회의를 유치했다.

이로써 한국 정부는 회의 개최에 따른 부담은 없어졌다. 그러나 좁은 국토, 부족한 자원, 높은 인구 밀도로 인해 발생하는 환경 문 제를 '환경적으로 건전하고 지속 가능한 개발(ESSD)'을 통해 해결 해 나갈 수밖에 없는 한국이, 회의를 준비하고 개최하는 과정에서 과거 경험을 바탕으로 국제 사회에 지속 가능한 개발의 모델을 제 시할 수 있는 특별한 기회를 잃은 것은 분명하다.

_____ 강찬수 중앙일보 환경전문기자

황사냐 흑사냐

황사黃砂(yellow sand)는 거대한 모래 먼지가 하늘을 뒤덮어 황 갈색으로 변하고 심하면 몇 m 앞도 보이지 않을 정도의 현상을 말 한다. 봄철마다 중국에서 내습하는 이 황사는 인체는 물론 반도체 등 첨단 산업 분야에도 막대한 피해를 입힌다. 우리 나라에서는 기상청이 1954년부터 '황사'라는 용어를 사용해왔다. 문헌에는 신라 아달라왕 21년(174년)에 '흙비[雨土]'라는 표현이 등장할 정도로 역사가 매우 오래된 현상이다. 고려 현종 때는 흙안개가 4일 동안 지속됐고, 공민왕 때는 7일 동안 눈을 뜨고 다닐 수 없었다는 기록도 남아 있다. 조선 인조 5년에는 하늘에서 피비가 내려 풀잎을 붉게 물들였다고 전한다.

황사를 칭하는 명칭은 중국, 일본, 미국이 서로 다르다. 발원지로 알려진 중국에서는 황사라는 표현이 없다. 대신 흑사黑砂(black sand)라고 한다. 타클라마칸 사막이나 고비 사막에서 거대한 모래폭풍이 불어오면 하늘이 시커멓게 변한다고 해서 붙여진 이름이다. 우리 나라의 황사보다 정도가 더 심하다는 것을 용어로서도 알 수 있다. 그러나 대외적으로는 모래 폭풍(sand storm)이라는 용어를 사용한다. 폭풍이 자연 발생적으로 일어나듯이 중국 또한 자연 현상인 황사의 피해자라는 인식이 깔려 있다. 한편 일본에서는 모래 먼지(sand dust)라고 부른다. 바람을 타고 미세한 입자가 도쿄까지 날아오지만 육안으로 확인하기 어려워 '황사'라는 개념이 성립되지 않는다. 황사는 심할 경우 태평양을 건너 미국까지 날아가는데, 하와이나 캘리포니아에서 관찰되는 황사를 미국에서는 'dust from the west'라고 표현한다. 이동 경로를 명백히 밝히고 있는 것이 특징이다. 황사 피해로 인해 국가간 분쟁이 야기될 경우 책임 소재를 분명히 하겠다는 의도가 엿보이는 용법이다.

황사에 대한 대책을 논의하기 위해 1999년부터 시작된 한·중·일 3개국 환경장관회의에서는 바로 이 용어를 두고 신경전이 치열했다. 우리 나라에서는 'yellow sand'라는 영어 표현을 주장했지만, 중국에서는 'sand storm'이라고 맞섰다. 일본은 'sand dust'라는 표현을 고집했다. 제각기 자기 나라에서 관찰되는 강도에 초점을 둔 것이다. 초기 환경장관회의의 가장 큰 과제는 황사의 이동 경로에 대한 조사 사업의 착수 여부였다. 고비 사막에서 발원한 황사가 중국의 공업 지대를 지나면서 중금속을 대량 함유해 이웃 나라에 피해를 주고, 구제역 바이러스와 같은 미생물의 전파 통로가 되고 있다는 주장이 제기되고 있던 터였다.

2000년 중국 베이징에서 열린 제2차 환경장관회의에서는 황사를 장거리 이동 오염 물질로 포함시키는 것이 최대 이슈였다. 중국이 강하게 반대했음은 물론이다. 실무 회의가 수차례 무산되는 난산 끝에 중국측이 합의해 황사를 장거리 이동 물질로 규정하고 각국이 모니터링에 나서기로 했지만 중국측이 예민하게 반응한 것은 동북아 국가간 보상 문제가 야기될 것을 우려했기 때문이다. 그래서 중국은 황사가 자연 현상임을 강조하기 위해 모래 폭풍이라고 고집해왔던 것이다. 중국이 황사 대책 사업을 사막화 지역에 대한 '생태 복원 사업'이라고 명명한 것도 중국 또한 자연 현상의 피해자라는 것을 대외에 천명해 이웃 국가의 지원을 유도하기 위한 전략이었다.

황사를 한·중·일 3개국이 'yellow sand'로 표현하기로 합의한 것은 2001년 4월 도쿄에서 열린 제3차 회의에서였다. 이 회의에서 3개국 환경 장관은 합의문에 황사를 공식적으로는 'sand dust'라고 표현하되 한국측의 주장을 받아들여 괄호 안에 'yellow sand'를 병기하도록 동의했다. 황사에 대한 3개국의 인식이 조금씩 공감대를 형성하기 시작한 것이다. 이에 따라 3차 회의에서는 '중국 서부 생태 복원 50개년 사업'에 한·일 양국이 협력하고, 조림 사업과 생태계 연구 프로젝트 등에 필요한 자금을 지원하기로 합의했다. 황사 외교는 이처럼 용어에서부터 한바탕 전쟁을 치러야 했다. ____ 정정화 한국일보 기자

준비 없이 나선 기후회의

온실 가스를 의무적으로 감축할 경우 산업에 미치는 영향이 엄청나기 때문에 선진국 등 각국은 기후변화협약 당사국 회의가 열리면 자국의 이익을 위해 치열하게 다툼을 벌이곤 한다. 치열한 틈바구니 속에서 자신의 이익을 지켜낼 수 있을 만큼 우리 나라의 대응 태세에는 문제가 없는가. 결론부터 얘기하면 너무나 허술하다.

1997년 12월 일본 교토에서 열렸던 제3차 당사국 총회(COP3)와 2000년 11월 네덜란드 헤이그에서 열렸던 제6차 당사국 총회(COP6)를 환경부 풀pool 기자로 취재하면서 우리 정부의 대응 태세가 얼마나 달라졌는지 살펴볼 수 있었다. 지금까지 여섯 차례의 당사국 회의가 있었지만 교토와 헤이그가 가장 중요한 회의로 여

기지기 때문이다.

교토 회의에 참석하기 직전에는 IMF 외환 위기까지 겹쳐 우리가 느꼈던 두려움은 사실 심각했다. 개발 도상국으로 분류되던 한국이 온실 가스를 의무적으로 감축해야 하는 국가에 포함되면 큰일이라는 분위기였다. 다행히 선진국들만이 감축 의무가 지워졌고 우리는 안도의 한숨을 쉬었다. 헤이그 회의에 참석한 우리 대표단은 다소 느긋했다. 선진국들이 어떤 방식으로 감축 의무를 질 것인지 지켜보는 상황이고, 선진국들끼리 싸우다가 타결을 짓지 못한다 해도 우리로서는 감축 의무를 미뤄도 돼 나쁠 것이 없다는 입장이었다. 결국 헤이그 회의는 결론을 내지 못하고 2001년 7월 독일 본에서 속개하는 것으로 끝이 났다.

물론 두 차례의 회의 모두 한국의 입장에서 보면 일단 '해피 엔딩'이었다. 그러나 내용을 좀더 살펴보면 개선해야 할 점이 한둘이 아니다. 무엇보다 3년이라는 시간이 지나긴 했지만 대표단의 구성원이 거의 다 바뀐 것이 문제였다. 정부 대표단 가운데 두 회의 모두를 참석한 공무원은 외교부 국장급 한 사람과 환경부의 하위 직원 한 사람 정도였다. 물론 정부 대표단을 지원하는 연구 기관의 전문가들 가운데 두 회의 준비에 계속 간여하고 현장에 참석한 사람도 있었겠지만 극소수였다. 아무리 인수 인계를 잘 한다고 해도 현장감이 없고 상대방을 제대로 알 수 없는 상황에서 협상이 제대로 될 리가 없다. 매번 새로운 사람이 나서서 처음부터 준비한다면 협상이 효율적일 수가 없다. 국제 협상 테이블에 나가 앉기 전에 국내에서 사전에 부처간의 이견을 조율하는 데도 소홀할 수밖에 없다. 헤이그 회의 당시 2002년까지 기후변화협약을 비준하겠다는 정부의 입장 발표를 놓고 회의장에서 협상 대표단 사이에 티격태격한 것이 대표적인 예다. 심지어는 외국 대표도 참석한 회의 도중에 내부 이견이 조율되지 않아 다른 부처가 마련한 서류를 빼앗아 찢어버리는 상황도 벌어졌다.

회의를 앞두고 대표단이 급조되고 회의 현장에서 기본 방침조차 다시 시빗거리가 된다면 치열한 국제 협상에서 우리의 국익을 제대로 지키기 어렵다. 정부뿐만 아니라 산업계도 마찬가지다. 한국은 아직도 산업·교통·에너지 등 각 부문별로 구체적인 온실가스 감축 목표조차 마련하지 못했다. 산업계와 정부가 머리를 맞대고 구체적인 감축 목표 마련에 나서야 한다. 당장 일본만 해도 교토 회의 당시 개최국이라는 입장 때문에 정확한 예측 자료도 없이 사실상 온실 가스를 20% 감축하기로 약속했다가 뒷감당을 못하고 있다. 우리 나름의 시나리오를 마련해놓고 이를 바탕으로 협상을 해야 낭패를 피할 수 있다. ___ 강찬수 중앙일보 환경전문기자

지구 환경은 뒷전

2001년 7월 독일 본에서 속개된 기후변화협약 제6차 당사국 총회(COP6)에서 교토의정서 이행 방안이 극적으로 타결됐다. 미국의 반대 속에서도 유럽연합(EU) 쪽이 많은 것을 내주면서까지 일

본과 캐나다, 호주 등을 끌어들이는 데 성공한 결과 타결에 이른 것이다. 이번 타결로 교토의정서를 이행하기 위한 큰 틀이 마련됐지만 구체적인 내용은 앞으로도 계속 선진국들 사이에서 논의가 진행될 예정이다.

사실 이번 회의 타결에서 최고의 승리자는 일본이고 최악의 패배자는 미국이라는 평가가 나오고 있다. 고이즈미 총리가 미국에 가서는 미국의 입장을 지지하는 척하다가 유럽에 가서는 영국, 프랑스에게 교토의정서 타결을 위해 노력하겠다고 하는 등 왔다갔다 하는 모습을 보인 게 사실이다. 그래서 교토의정서가 기능을 발휘하기를 바라는 EU에서는 일본을 붙잡기 위해 이것저것 양보했다. 가입국 가운데 55개국 이상이 비준을 해야 하고 비준 국가들의 온실 가스 발생량이 전체의 55%를 넘어야 기후변화협약과 교토의정서가 정식으로 발효되기 때문이다. 미국 외에 일본 등이 반대한다면 이 같은 조건을 충족시키기가 어려웠다. 이 같은 상황을 이용해 일본은 얻어낼 것은 다 얻어내는 '교활한' 외교를 벌였고, 가와구치 환경 장관은 기조 연설에서 열렬한 박수도 받았다. 반면 미국은 부시 대통령의 한마디에 아무런 협상 카드도 없이 회의에 참석했다. 미국 대표단의 연설은 야유로 중단되기도 했다.

이번 타결로 미국은 '반환경적인 국가' 라는 낙인과 함께 국제적인 '왕따' 가 된 셈이다. 당초 미국은 교토의정서가 아니라 자신들에게 유리한 형태의 의정서를 마련할 계획이었다. 특히 한국과 멕시코 등 선발 개도국에도 온실 가스 감축 의무를 부담시키려는 의도를 드러냈다. 그렇지만 세계 180개 국가의 합의로 교토의정서를 살려놓은 상황에서는 더 이상 고집을 부릴 수 없게 됐다. 결국 갖은 수모를 겪고 스타일은 있는 대로 다 구긴 채 머리를 숙이고 들어올 수밖에 없는 상황이다. 교토의정서 이행 방안이 극적으로 타결된 데에는 '교토의정서가 깨지면 괘씸한 미국이 원하는 대로 되도록 도와주는 꼴' 이라는 회의장 분위기도 한몫했다.

교토의정서가 살아나면서 우리 나라로서는 일단 급한 상황에서는 벗어난 셈이다. 미국의 강요에 의해 우리가 원하지 않는 스케줄에 끌려 들어갈 위험은 사라졌기 때문이다. 그렇지만 마음을 놓고 있어도 되는 것은 아니다. 당장 10월 말 지중해 연안 아프리카 모로코에서 열리는 기후변화협약 제7차 당사국 회의(COP7)가 기다리고 있다. 모로코 회의에서는 개발 도상국의 온실 가스 감축 문제가 본격적으로 논의될 예정이다. 이 회의에서는 우리도 뭔가를 내놓아야만 한다.

국제 사회에서 한국은 '얌체 국가' 로 비춰지고 있다. OECD(경제협력개발기구)에 가입한 '선진국' 이면서, 세계에서 열한 번째로 많은 이산화탄소를 방출하고 있으면서도 의무 감축 국가에 포함되지 않았기 때문이다. 국제 사회가 주목하고 있는 상황에서 우리 나라도 하루빨리 온실 가스 감축 계획을 세우고 실천해 나가고 있다는 점을 보여줄 필요가 있다. 기후변화협약이나 교토의정서를 더 이상 강 건너 불 구경 하듯 바라볼 수는 없는 게 현실이다.

_____ 강찬수 중앙일보 환경전문기자

로버트 레드포드

우리에게도 연극 배우 출신의 환경부장관이 있었지만 영화 배우와 감독으로 유명한 로버트 레드포드Robert Redford가 환경 운동가로서도 활발한 활동을 벌이고 있다는 점은 여전히 이채롭게 다가온다.

미국의 환경 단체인 자연자원보존위원회(NRDC) 상임 위원으로 활동하고 있는 레드포드는 2001년 7월 독일 시사 주간지《슈테른 Stern》에 기고한 글에서 미국 부시 대통령을 "환경에 관한 한 무식쟁이"라고 쏘아붙였다. 부시 정부가 지구 온난화 방지를 위한 교토의정서 이행을 거부한 것에 대해 비난하고 나선 것이다. 레드포드는 이 글에서 "부시는 미국이 다른 나라에 비해 천연 자원을 얼마나 낭비하고 있는지를 잊고 있고, 우리가 지구촌에 함께 살고 있다는 사실을 깨닫지 못하고 있다"고 지적했다. 또 "부시 대통령이 정부 내 산업계와 군 경력을 가진 조언자들에게 지나치게 의존하는 것 같다"며 "이들은 지난 40년 간의 변화에 대해 눈이 멀고 귀가 먹었다"고 비난하기도 했다.

레드포드는 5월에도 〈뉴욕 타임스〉에 기고한 글에서 부시 정부의 에너지 정책을 강하게 비판했다. 그는 부시 정부가 알래스카 국립자연보호구역 내에서 원유를 캐내고 거대한 파이프 라인을 건설하기로 한 것이나 핵발전소를 건설하기로 한 것을 문제삼았다. 레드포드는 기고문에서 "미국 드리마일 아일랜드와 옛 소련 체르노빌의 핵발전소 사고나 엑슨 발데즈 유조선 사고 등과 같은 사례들도 있고, 환경 오염이 공중 보건에 나쁜 영향을 미친다는 사실을 밝혀주는 수많은 연구 결과가 있다"며 "정부가 석유 자원을 더 캐내고 더 태우는 식으로 접근할 경우 지구 온난화를 부추길 뿐"이라고 말했다.

우리에게도 대중적인 인기를 누리는 영화 배우가 나서서 대통령의 환경 정책을 대놓고 비판한다면 일반 시민들이 환경 문제에 더 관심을 가지지 않을까 하는 생각을 해보게 된다.

_____ 강찬수 중앙일보 환경전문기자

외교부의 텃세

미국이 교토의정서 탈퇴를 선언한 지 한 달 뒤인 2000년 4월 뉴욕의 유엔본부에서 제9차 지속가능발전위원회(UNCSD)가 열렸다. 각국의 환경부 장관들이 참석한 이번 회의에서는 미국에 대한 성토가 고조에 달했다. 각국 대표들은 미국이 교토의정서에서 탈퇴한 것을 강도 높게 비난했고, 김명자 환경부장관도 4월 19일 대표 연설에서 2002년까지 교토의정서 비준 및 발효를 위한 국제 사회의 노력에 지지한다는 내용으로 미국을 간접적으로 비난했다.

교토의정서 비준 문제가 우리 나라로서는 매우 민감한 사안이라는 것은 이미 잘 알려진 사실이다. 미국이 교토의정서 탈퇴를 선언한 것은 자국내의 이해 관계를 반영한 것이지만, 한편으로는 개도국의 온실 가스 감축에 대한 규제가 없다는 것을 가장 큰 명분으로 들고 나왔다. 이 경우 경제적으로는 OECD에 가입해 선진국에 속하지만 교토의정서 비준에서는 선진국이 아닌 개도국으로 분류돼 시간을 벌고 있는 우리 나라로서는 미국의 최대 타깃이 될 수밖에 없다. 멕시코도 교토의정서의 비준 대상국인 마당에 한국이 제외돼 있다는 것은 국제 사회에서 이해를 구하기 어렵기 때문이다. 이 같은 점을 고려해 우리 정부 대표단은 출발 전부터 연설 내용과 미국에 대한 비난 강도를 놓고 환경부와 외교통상부가 골머리를 앓아야 했다.

저간의 사정을 알고 현지에 파견된 기자단이 당일 김 장관의 연설 내용을 송고하면서 풀 기자단과 환경부 공무원 간에 한바탕 설전이 벌어졌다. 기자들은 기사의 핵심은 김 장관이 미국의 교토의정서 탈퇴를 공식적으로 비난했다는 것이어야 한다고 주장했다. 이미 일본과 유럽을 포함한 대부분 국가들이 성명과 선언서 등을 통해 공식적으로 입장을 밝힌 터였다. 우리 정부도 이 같은 입장을 정리했으나 이를 대외에 천명하지는 않았다. 미국의 눈치를 보아야 했기 때문이다.

기자들이 '교토의정서 발효를 위한 국제 사회의 노력을 지지한다'는 김 장관의 발언은 의정서를 탈퇴한 미국을 비난한 한국의 공식 입장으로 해석해야 한다고 주장하자, 장관을 수행한 공무원들의 태도가 강경해졌다. 미국의 파기 선언에 대한 우려 표명이 아니라, 국제 사회의 노력에 대한 지지일 뿐이라는 것이다. 국제 사회에서 고립을 피하면서도 미국을 절대로 자극해서는 안 되는 절박

함이 담겨 있었다. 이미 전날 유엔 한국 대표부와의 조율에서도 미국을 자극하지 않기로 내부적으로 조정한 터였다. 그런데 현지에 파견된 기자들이 반미 정서를 자극하는 기사를 송고할 경우 외교 관계에 악영향을 미칠 수 있다는 것이다. 환경부가 온실 가스 감축에 대한 기술적인 문제에서도 제 목소리를 내지 못하고 있는 셈이다.

일본에서는 고이즈미 준이치로 총리가 미국이 참여하지 않을 경우 교토의정서 비준을 유보하겠다며 미국 입장을 두둔하자 환경부에서는 교토의정서가 발효되어야 한다는 기본 원칙을 주장해 대조를 보였다. 우리 정부의 입장에서는 미국을 자극해 교토의정서의 당연 비준국으로 지명되는 것보다 사태를 관망하는 것이 현명한 처사인지도 모른다. 그러나 일일이 외교부의 눈치를 보며 환경 정책에 대한 근본 방향마저 설정하지 못하고 있다는 느낌이다.

_____정정화 한국일보 기자

III

무너지는 생태계

7 ___ 멧돼지 다이어트 날

곰이 상전?

'개팔자가 상팔자'라는 말이 있다.

2000년 가을은 모든 환경 정책이 반달가슴곰 위주로 돌아갔다고 해도 무리가 아닐 정도로 반달가슴곰이 여론의 핵심에 놓여 있었다. 그해 11월 국내에서 사라진 것으로 알려졌던 반달가슴곰이 17년 만에 진주 MBC 카메라를 통해 모습을 드러내자 환경부는 물론 환경 단체, 동물 애호가들이 모두 환호성을 질렀다. 동시 다발적으로 반달가슴곰 보호 대책을 주창하고 나섰고, 환경부는 즉각 반달가슴곰 보호 대책을 발표했다. 밀렵 단속 강화, 밀렵 도구 수거, 먹이주기 행사 등등.

사실 반달가슴곰이 발견된 것은 생태적으로 대단한 의미를 지닌다. 반달가슴곰은 몸집이 큰 동물인 만큼 충분한 먹이와 넓은 면적의 서식지가 필요한 데다 해발 900~1,300m의 비교적 산림이 울창한 지역에서만 서식하기 때문에 우리 나라의 생태계가 그만큼 건강하다는 것을 뜻한다. 이 때문에 환경부 생태 담당 공무원들은 대거 지리산으로 몰려갔다. 환경운동연합과 녹색연합 등 일부 환경 단체 관계자들은 그곳에 아예 상주하기도 했다. 밀렵꾼들도 그곳에 있었을 것이라는 것은 쉽게 짐작할 수 있다. 그러나 반달가슴곰은 몇 개월이 지나도록 모습을 나타내지 않았고, 서식지역 출입제한조치 등 각종 반달가슴곰 보호 대책을 내놓으면서 환경부는 지역 주민들과 마찰만 빚어야 했다.

지리산 반달가슴곰이 발견된 지 세 달 후쯤 이번에는 속리산에서 반달가슴곰이 나타났다는 보고가 들어왔다. "아니, 이거 곰이 왜 이렇게 자주 발견되는 거야!" 하면서 흥분한 기자들도 빨리 1보(신문이 비록 다음날 아침에 나오지만 그래도 1보를 늦게 송고하면 질책을 받는다)를 날리기 위해 동분서주했다. 환경부는 반달가슴곰 소식을 발표하면서 "인근에 곰 사육 농가가 없는 점으로 보아 야생 반달가슴곰일 가능성이 꽤 높다"고 전했다. 그러나 이는 몇 시간만에 뒤집혔다. 기자들의 독촉으로 환경부가 지방 환경청으로부터 긴급 보고를 받은 결과 인근에 곰 사육 농가가 열여덟 가구나 있는 것으로 밝혀졌다. 환경부에서 곰 사육 농가 실태를 제대로 파악하지 못하고 있음을 반증한 것이다.

여하간 속리산 곰이 야생인지 사육인지는 지금까지도 확인되지 않고 있다. 그렇다면 많고 많은 야생 동물 가운데 우리 나라에서 당당히 상전 노릇을 하고 있는 반달가슴곰은 국내에 얼마나 서식할까. 국립공원관리공단은 지난 2000년 4월 작성한 '지리산국립공원 야생동물·생태계 정밀조사 최종보고서'를 통해 지리산의 식생을 감안할 때 다섯 마리 정도의 반달가슴곰이 서식하는 것으로 판단하고 있다고 밝힌 바 있다. 지리산에 다섯 마리의 곰이 서식할 수 있다는 것은 지리산과 산림이 유사한 설악산, 속리산, 오대산 등지에도 충분히 야생 반달가슴곰이 살 수 있다는 것을 의미한다.

실제 반달가슴곰의 흔적을 발견했다는 주민들의 제보는 오래 전부터 계속돼왔다. 지난 1996년 3월 초에는 전남 구례군에 위치한 한 암자의 승려가 노고단 인근 종석대 부근에서 눈 위에 찍힌 곰 발자국을 촬영했고, 1998년 11월에는 녹색연합이 오대산~설악산 구간에서 반달가슴곰의 발자국을 발견해 사진을 공개하기도 했다. 반달가슴곰으로 인한 해프닝도 잇따라 1997년 7월 경남 거창군의 한 관광 농원에서 사육 중이던 반달가슴곰 네 마리가 밀렵된 것이라는 의혹이 제기됐으나 외국에서 수입된 것으로 확인됐다. 또 2000년 4월 말 충북 진천에서 발견된 곰도 인근의 사육장을 탈출한 불곰으로 밝혀졌다.

사육곰 실태를 보면 지난 1981년 38마리의 곰이 첫 수입된 이후 1982년 123마리, 1983년 200마리, 1984년 97마리, 1985년 35마리 등 모두 493마리가 들어왔다. 곰 보호에 대한 국제적인 여론이 높아지면서 1985년 7월 1일부터는 수출입이 전면 금지됐다. 환경부는 1998년 말 현재 전국의 116개 곰 사육 농가에서 모두 1,603마리의 곰이 사육되고 있으며 이 가운데 1,127마리가 반달가슴곰인 것으로 파악하고 있다.

지리산 반달가슴곰은 '가뭄 속 단비'처럼 시름에 찌든 우리 국민에게 많은 것을 안겨주었다. 이들 소중한 반달가슴곰이 밀렵꾼들에게 더 이상 희생되지 않도록 하기 위해서는 정부가 더욱 적극적인 보호 대책을 마련해야 한다는 지적이다. 곰 사육 농가에 대한 상세한 파악 및 점검이 필요한 것은 더 말해 무엇하랴.

_____ 심인성 연합뉴스 기자

멧돼지 다이어트

비무장 지대의 자연과 관련해 일반인이 갖고 있는 가장 큰 환상은 '야생 동물의 천국인 원시림이 펼쳐져 있다'는 것이다. 이런 오해는 반세기 동안 사람의 발자국이 끊겼으니 당연히 자연이 되살아났으려니 하는 짐작에 터잡고 있다. 그러나 많은 생태 전문가들은 "자연성만으로 보면 비무장 지대는 서울 인근의 녹지대보다도 못하다"고 입을 모은다. 인위적 개발은 없었을지라도 해마다 되풀이되는 산불(지뢰 때문에 불이 나면 맞불을 지르는 것말고는 진화 방법

이 없다)과 시야를 트기 위한 시계 청소 작업 때문에 비무장 지대
안 곳곳이 시뻘건 맨땅을 드러내고 있다. 산꼭대기에는 예외 없이
군 기지가 들어서 있고 작전 도로를 내기 위해 대부분 훼손돼 오히
려 골짜기의 식생이 나은 것도 비무장 지대의 특징 가운데 하나다.

그렇지만 예외가 있다. 바로 향로봉과 건봉산을 잇는 동부 전선
이 그곳이다. 여기에는 원시림 지대가 남아 있고 좀처럼 보기 힘든
야생 동물들도 곧잘 목격된다. 특히 건봉산 오소동 계곡의 철책선
안은 우리 나라에서 산양이 가장 많이 몰려 사는 곳으로 유명하다.
국내 언론에 소개되는 야생 산양은 거의 대부분 이곳에서 찍은 것
이라고 보면 된다. 유독 눈이 많았던 2001년 겨울 이곳에는 한꺼번
에 최대 30마리의 산양이 군부대가 뿌려놓은 사료를 먹으러 나타
나기도 했다.

이곳 장병들은 야생 동물을 아끼는 마음이 각별하다. 사단 본부
는 "국토의 소중함을 알아야 나라를 지키려는 마음이 솟는다"고 정
훈 교육을 한다. 또 병사들 사이에는 "야생 동물을 다치게 하면 반
드시 재수없는 사고가 터진다"는 미신이 퍼져 있기도 하다. 그러나
무엇보다 큰 이유는 풍요로운 야생의 자연이 바로 코앞에 펼쳐져
있기 때문이다. 초병들에게 목격한 야생 동물을 대보라고 하자 "살
쾡이, 너구리, 오소리, 멧돼지, 검독수리, 고라니, 꿩……" 등이 술
술 나온다. 이제는 남한에서 멸종한 것으로 알려진 여우를 봤다는
관측 장교도 있다.

이곳 장병들이 야생 동물과 더불어 사는 삶을 가장 잘 보여주는

예가 '잔반 처리장 멧돼지'이다. 육군 뇌종부대는 음식 찌꺼기를 독특하게 재활용한다. 돼지에게 먹이는 것이다. 그것도 사육장의 돼지가 아니라 야생 멧돼지이다. 이들은 근처 숲속에서 쉬다가 식사 시간에 맞춰 가족 단위로 잔반 처리장에 나타난다. 이들의 식사 시간은 오후 2시와 6~7시 등 하루 두 번이다. 장병 두 명이 드럼통을 반으로 자른 통에 남은 음식을 담아 부대 식당에서 100m쯤 떨어진 계곡의 후미진 곳에 내려놓는다. 약 10분쯤 지나면 근처 덤불에서 멧돼지 발자국 소리가 들리기 시작한다. 먼저 송아지만한 커다란 어미 멧돼지가 조심스럽게 나타나 음식을 먹기 시작한다. 주변이 안전하고 음식 맛이 괜찮다고 판단되면(?) 새끼들을 불러 모은다.

이 부대의 정훈 장교인 윤화종 중위는 "1998년 처음 이곳에 왔을 때 새끼였던 멧돼지가 이제는 어미가 되어 새끼를 데리고 오고 있다"며 "많으면 일곱 마리에서 열두 마리의 멧돼지들이 잔반통에다 머리를 맞대고 먹이를 먹는 모습을 볼 수 있다"고 말했다. 그는 이곳에 오는 멧돼지들은 아예 식성을 잔반에 맞도록 바꾸어서 야생의 다른 먹이는 찾지 않는 것 같다고 말했다. 부근 밭에서 더 이상 멧돼지 피해가 없어졌다고 농민들이 좋아한다는 것이다.

야생 동물이 사람의 식성과 생활 방식을 닮아간다면 문제가 없을 리 없다. 비상 훈련으로 '식사'가 아예 제공되지 않을 때도 있고, 또 군부대에서도 요즘 환경 의식이 높아져 음식 쓰레기 줄이기 운동이 벌어진다. 멧돼지로서는 기가 막힐 노릇이다. 오소동 계곡

막사에는 매주 화요일 식당에 '오늘은 멧돼지 다이어트 날'이란 팻말이 걸린다. 음식 찌꺼기 발생량을 줄이자는 환경 캠페인이다. 멧돼지를 위해서는 다이어트를 넘어 사람 음식에 대한 의존을 줄이는 게 나을지도 모른다. 사실 음식 찌꺼기가 썩 좋은 사료일 수는 없기 때문이다. 군부대에서도 이런 점을 감안해 요즘엔 야생 동물용 사료를 따로 공급하고 있다.

오소동 계곡의 멧돼지들만 팔자가 늘어진 것은 아니다. 뇌종부대의 기발한 잔반 처리 소식이 언론을 통해 알려지자 이웃 부대에서도 비슷한 멧돼지 잔반 처리장을 개설했다. 강원도 양구군은 아예 생태 기행의 하나로 멧돼지를 이용한 음식 쓰레기 처리를 구경거리로 개발할 작정이다. 사실 벌건 대낮에 수십 m 앞에서 거대한 멧돼지들이 콧김을 내뿜으며 먹이를 먹는 모습을 관찰한다는 건 쉽지 않은 구경거리임에 틀림없다. 조홍섭 한겨레신문 환경전문기자

새우깡 먹는 갈매기

2000년 겨울에 부산 친지 집에 가는 길에 해운대 해수욕장을 찾은 일이 있다. 세찬 바닷바람에도 수많은 사람들이 백사장을 거닐거나 사진을 찍는 등 겨울 바다를 즐기고 있었다. 연인들도 보이고 어린아이 손을 잡은 엄마도, 노모를 모시고 나온 중년 아들도 보였다. 엄청난 수의 갈매기들도 찬바람을 가르며 인파를 반기는 듯했다. 어떤 무리들은 바닷물 위에서 곡예 비행을 즐겼지만 또 다

른 무리들은 모래 사장 위를 날며 사람들이 던져주는 뭔가를 잽싸게 채가고 있었다.

새우깡이었다. 어린이 어른 할 것 없이 한 손에 새우깡을 들고 갈매기 먹이주기에 여념이 없었다. 아예 해운대 백사장에는 새우깡만 파는 할머니들도 눈에 많이 띄었다. 갈매기들은 백사장 이곳 저곳에서 흩어진 새우깡을 쪼아먹기도 하고 비행 묘기를 보려는 욕심에 던져진 새우깡을 낚아채 먹기도 했다.

"요즘 해운대 갈매기들은 고기 잡아먹을 생각을 안 하는 것 같아요."

백사장에서 초상화를 그리는 젊은 화가의 말에 묘한 기분이 든다. 짭짤한 새우깡 맛에 길들여진 탓에 밍밍한 물고기가 맛이 없어서일까, 아니면 고기 잡는 수고가 싫어서일까. 폭풍이 불어 새우깡을 주는 사람이 없을 땐 갈매기들은 뭘 먹고 살까, 혹시 정부가 갈매기 새우깡 주기를 금지한다면(그럴 리는 없지만) 물고기 잡는 일이 얼마나 더 고될까 하는 생각도 든다. 그러면서 2001년 1월 정부 주관으로 실시된 야생 동물 먹이주기 행사가 생각났다. 20년 만의 폭설답게 전국 산하를 하얗고 두껍게 덮어버린 눈. 그 눈 속에 먹이감이 될 만한 도토리도, 산나물도, 나무뿌리도 모두 덮여버렸으니 '불쌍한' 야생 동물들은 어떻게 살까. 그런 걱정 때문에 정부는 헬기나 자동차로 감자며, 보리쌀을 날라다 뿌려주었을 것이다.

하지만 곰곰이 생각할 일이 있다. 야생 동물은 야생 동물다워야 한다는 점이다. 1997년 미국의 자랑인 그랜드 캐년 국립 공원을 간적이 있다. 웅장한 대협곡을 보기 위해 연간 수백만 명이 찾는 이 곳에도 다른 공원들처럼 많은 동물들이 살고 있으며, '동식물 보호' 팻말이 여기저기 붙어 있었으나 한 가지 특이한 점이 있었다. '야생 동물들에게 먹이를 주지 마시오' 라는 팻말이 그것이다. 관광 객들은 동정심이나 즐거움 때문에 '먹이주기 선심' 을 쓰지만 그러 다가 야생 동물들이 야생성을 잃어버리지 않을까 하는 배려가 깔려 있었다. 당장 배고픔을 해결하기보다는 어떤 어려움이 있더라도 스스로 생존하는 야생 동물을 떠올리는 것이다.

생색내기용 일회성 먹이주기 행사보다는 입맛을 다시며 덤비는 밀렵꾼을 막아주는 게 진정한 야생 동물 보호가 아닐까.

_____ 이정윤 일간보사 기자

미국으로 시집 간 '미스 킴'

보스턴의 웨스턴 화원과 워싱턴 DC의 벤키 화원 등 미국의 대 표적인 꽃시장을 방문하는 한국인은 유난히 눈에 익은 나무를 발 견하게 된다. 점원에게 그 나무의 이름을 물어보면 아마 '미스 킴 라일락' 이라고 답변할 것이다. 미스 킴이란 이름을 가진 이 라일락 은 바로 서울 북한산에서 자라는 정향나무다. 지난 1947년 미국 군 정청의 식물 채집가였던 미더가 북한산 백운대에서 정향나무를 채 취해 미국으로 보냈던 것이다.

미스 킴 라일락은 꽃봉오리가 열리기 전후에 보라색에서 라벤

더색, 하얀색으로 절묘하게 변하는 아름다움과 이국적인 향기로 미국 라일락 시장의 30%를 장악하고 있다. 한국의 '미스 킴'처럼 키가 작아 관상용으로도 좋다. 한 그루당 판매 가격이 다른 라일락의 두 배인 30달러에 이른다. 벤키 화원에서만 1년에 1만 1,000그루가 팔려 나가는 점을 감안하면, 우리 나라는 매년 최소한 수백만 달러의 외화를 손해보고 있는 셈이다.

한반도의 생물 자원이 유출되기 시작한 것은 구한말 시절부터이다. 1800년대 말에 한국에 진출한 외국 선교사들이 처음으로 한반도 자생 식물의 묘목과 종자를 수탈했다. 정부와 학계, 원예업계 어느 쪽도 한반도에서 얼마만큼의 생물 자원이 유출됐는지 파악조차 못하고 있다. 1900년대로 접어들면서 영국의 어니스트 윌슨, 프랑스의 타케, 러시아의 슈바리바키, 일본의 나카이, 미국의 비링거 등 열강의 식물학자들이 백두산부터 한라산까지 전국을 누비며 닥치는 대로 토종 생물을 채집해 나갔다.

한반도에서 채집된 생물은 각국에서 개량돼 상품으로 팔리고 있다. 정향나무말고도 원추리가 해외에서 다양한 품종으로 개량돼 제품으로 만들어지고 있으며, 주목은 크리스마스 트리로 가장 잘 팔린다. 콩은 우리 나라에서 미국으로 건너간 품종이 개량돼 역수입되는 현상도 나타난다.

외국 유출과 함께 국내에서 멸종되는 현상도 심각하다. 전세계적으로 녹색 혁명을 가능하게 만든 것으로 인정되는 밀의 반왜성 인자는 우리 나라 토종인 앉은뱅이밀에서 유래됐으나 우리 나라에서는 사라졌다. 환경부 자료에 따르면 우리 나라 재래 작물 품종은 1985년에 비해 74%가 사라졌다.

생물 자원의 보전과 연구는 단순한 환경 차원의 문제가 아니라 국가의 기술, 부와 직결되는 전략적 문제가 되고 있다. 브라질은 20세기 초반 세계 천연 고무 공급의 98%를 차지하며 막대한 외화를 획득했다. 브라질은 천연 고무 공급의 독점권을 유지하기 위해 고무나무 반입을 통제했지만 끝내 20세기 중반에 말레이시아로 유출됐다. 그후 20년 만에 말레이시아가 천연 고무 시장을 석권했고 브라질의 고무 농장은 완전히 붕괴됐다. 미국의 제약 회사인 BMS 는 1962년 시애틀 북서쪽의 작은 섬에서 채집한 태평양주목에서 추출한 물질로 항암제 택솔을 개발했다. 택솔은 유방·자궁암 치료율을 26%까지 높이는 획기적인 치료제로 1998년 전세계에서 13 억 달러(1조 5,000억 원)어치가 팔려 나갔다. 또한 전세계에서 가장 많이 팔리는 약품 가운데 하나인 아스피린은 버드나무에서 추출한 물질을 화학적으로 합성해 만든 것이다.

21세기의 대표 산업인 생명 공학 산업과 생물 산업의 기초가 바로 생물종이다. 현재까지 화학 성분이 조사된 식물종은 겨우 1% 에 지나지 않는다. 생물 연구를 통한 신물질 개발의 가능성은 무궁무진하다. 영국과 프랑스 같은 선진국들은 이미 17, 18세기부터 생물 자원의 표본을 수집하고 연구하는 데 국가적인 노력을 기울여 왔다. 자국내의 생물뿐만 아니라 다른 나라의 생물 자원을 수집·보관하는 데도 힘을 기울였다. 심지어 미국이 아마존 열대 우림에서 채집한 생물종은 브라질보다 훨씬 많다.

미국은 1800년대 후반부터 자연사박물관에 생물표본관을 만들기 시작해 346개의 표본관을 보유하고 있다. 일본은 1890년부터 국립 대학 등에 표본관을 운영, 198개를 보유 중이다. 중국, 멕시코, 태국, 필리핀, 북한 등 개발 도상 국가들도 1900년대 이후 생물 자원의 중요성을 인식해 표본관을 설립하기 시작했다. 미국 스미소니언 자연사박물관에는 8,000만 점, 프랑스 파리 자연사박물관에는 7,000만 점, 영국 런던 자연사박물관에는 6,000만 점의 생물 표본이 확보돼 있다. 우리 나라 전체가 갖고 있는 생물 표본은 300만 점으로 선진국 한 개 박물관이 소장하고 있는 표본의 10분의 1도 되지 않는다.

우리 나라의 경우 대한표본연구소가 곤충 5,918종 82만 2,610점의 표본을 보유하는 등 53개 대학과 연구소에서 30만 6,486점의 식물과 208만 1,503점의 동물, 1만 100점의 미생물 표본을 소장하고 있다. 또 정부는 1997년 전국자연환경조사 때부터 채집·획득한 생물 표본 100만 점을 대학·연구소 등에 위탁 보관하고 있다. 그러나 생물 표본의 중요성에 대한 낮은 인식 때문에 제대로 관리가 되지 않고 있는 실정이라고 전문가들은 말한다. 생물 표본을 갖고 있는 53개 대학과 연구소의 50%가 관리 예산이 없고, 관리 인력도 없다. 그나마 확보한 표본의 전산화도 20% 수준에 머물고 있다. 대학의 경우 생물학자들이 수집한 표본을 국가에 기증하기 원하는 사례도 있으나 정부는 이를 보관, 관리할 수 있는 여건이 미비한 상태다. 또 개인이 희귀 동식물을 무분별하게 채집해 생물종의 멸종이 가속화되는 원인이 되고 있다. 국내에 존재하는 3만여 종의 생물 가운데 자연환경보전법 등 법적으로 보호되는 동식물은 전체의 1.7%에 지나지 않는다. 말하자면 일반 야생 동식물의 98.3%는 법적으로 방치되고 있는 것이다.

국내 생물종 전문가인 전북대 이병훈 교수는 "정부가 국립생물자원표본관을 만들어 체계적으로 생물 자원을 관리해야 한다"고 주장한다. 이를 통해 대학 등에 방치된 표본을 국가에 기부하도록 유도해야 한다는 것이다. 이와 함께 자연환경보전법에 생물 표본의 국가 관리를 위한 조항을 신설하거나 야생생물보호법 제정 등 법적, 제도적 장치를 마련하는 것도 시급하다고 전문가들은 지적한다. 전문가들의 지적에 따라 환경부도 지난 1998년부터 생물자원표본관 설립을 위한 예산을 기획예산처에 신청했으나 지난 3년 동안 단 한 푼도 배정되지 않았다가 내년 예산에 간신히 반영됐다. 늦었지만 환경부는 2006년까지 232억 7,600만 원을 투입해 생물자원표본관을 건립한다는 계획을 추진하고 있다.

_____ 이도운 대한매일 기자

수달 한 마리만 주세요

살갗을 파고드는 추위가 채 가시지 않은 2001년 1월 30일 밤.

지리산 허리께에 위치한 한 하천을 가로지르는 다리 위에는 사진기와 노트를 든 일본 환경 운동가 몇 사람이 칠흑처럼 깜깜한 하천 속을 내려다보고 있었다. 이들이 관찰하고 있는 대상은 하천 깊은 데 숨어 있다 밤이 되면 나와서 노는 깜찍한 모습을 한 수달이었다. 새벽 3시가 넘었으나 이 지역에서 수달을 발견하지 못한 일행들은 다소 실망하는 표정으로 섬진강변 쪽으로 나갔다. 드디어 물 맑은 섬진강변에서 새벽 4시경 수달 두 마리가 뛰노는 모습이 포착됐다. 우연히 지나다 발견한 수달이 놀라 도망갈까 봐 사진도 못 찍고 환호성도 지르지 못했으나 이들의 마음은 환희의 도가니 그 자체였다.

일본에서 멸종된 수달을 야생 상태에서 본 것은 이번이 처음이었다. 그들은 일본 고치高知현 생태계보호협회 회원 10여 명과 일본 유력 신문 기자 등으로, 지난 1979년 일본에서 멸종한 수달을 복원하기 위해 지리산 구례 지역에서 자연 상태의 수달이 어떤 행태를 보이는지 연구하고 있었다. 한국의 야생동물연합, 지리산생태보존회 등의 안내로 1월 말과 2월 초 사이에 지리산 일대에서 야생 상태의 수달을 발견하기 위해 주로 야간을 이용해 실태 조사를 벌인 끝에 마침내 대어를 낚은 것이다.

일본 고치현에서는 수달을 사랑하고 배우자는 붐이 일고 있다. 일본측은 수달이 바다와 하천, 숲, 산 등 각기 이질적인 생태계를 연결해주는 가교 역할을 하는 동물이라고 보고 대대적인 수달 복원 프로그램을 진행하고 있다. 그들이 여러 차례 조사단을 보내 한국 수달에 관심과 애정을 갖는 것은 우리 수달과 일본 수달의 세부적인 종이 거의 똑같기 때문이다.

국내 일부 환경 단체들도 세계적으로 멸종된 동물을 살리기 위한 국제 교류가 활기를 띠고 있는 추세인 데다 우리 나라도 아직까지는 개체수가 어느 정도 있지만 하천 제방 콘크리트화와 서식 환경의 파괴로 10년 안에 수달이 멸종될 위험이 높다고 판단하여, 안전판 확보 차원에서 앞선 일본의 수달 복원 기술을 도입하는 것이 바람직하다는 입장을 보이고 있다.

　　우리 수달의 씨를 일본에 빌려준다든가 하는 일이 한국과 일본의 민간 환경 단체들의 협력으로 이뤄진다면 2002년 한일 월드컵 시대를 맞아 색다른 환경 협력 사례가 될 것이다. 일본측은 21년 전에 완전 멸종된 수달을 똑같은 종인 한국 수달로부터 인공 수정을 하거나 동물원이나 야생 상태 수달 중 몇 개의 개체를 일본으로 보내 복원하는 프로그램이 추진되기를 내심 바라고 있다. 조사단 가운데 도시카즈 기누타絹田俊和 고치현립동물공원 부원장(수의사)은 2000년 1월 방한 기간 중 구례군수를 예방하여, "앞으로 부상당한 수달이나 한국에서 관리하기 어렵게 된 새끼 수달이 있으면 일본수달 개체복원 연구기관에 보내 수달이 일본에서 번식할 수 있도록 도와달라"고 요청하기도 했다.

　　부상당한 수달에 대한 고치현측의 애정은 일본 수달의 멸종으로 건강한 수달의 중요성을 뼈저리게 느꼈기 때문으로 풀이된다. 고치현 동물공원측은 앞으로 한국 동물원 등과 협의하여, 2002년 월드컵 이전에 한국에서도 멸종 위기종인 수달(천연 기념물 330호)로부터 인공 수정하는 일을 추진하고 있다. 우리측도 일본의 앞선

황새 및 수달 복원 번식 기술 등을 받아들일 계획이어서 본격적인 한일 동물 교류가 물꼬를 틀지 주목되고 있다.

일본에서는 수달이 멸종된 데 대해 여러 가지 이유가 있지만 첫 번째로 하천 제방이 콘크리트화된 점을 들고 있다. 하천변이 콘크리트로 막히자 수달 서식처가 하나 둘 사라진 것이다. 일본의 산업화도 또 하나의 원인을 제공했다. 산업화 바람으로 일본 전역이 아파트화하고 뜰이 사라지자 주인들은 개들을 내다 버렸고, 개들은 거리를 떠도는 신세가 됐다. 개들은 먹고 살기 위해 결국 야생 들개로 변해 서식처를 잃고 헤매던 수달을 먹이로 삼았던 것이다.

이처럼 21년 전 수달이 일본에서 멸종하기 직전 비참한 최후를 맞았던 고치현 수자키須崎 시의 경우 '수달의 도시' 라는 표어를 내걸고 1999년 수달국제심포지엄 개최, 정부와 민간 단체 공동의 수달개체복원연구센터 설립 추진, 초등 학생 수달 관찰 프로그램 등 다채로운 행사를 벌이고 있다. 민·관 할 것 없이 수달 열기가 후끈 달아오르고 있는 것이다. 수달을 형상화한 상징 조형물을 이 도시의 거리 곳곳에서 발견할 수 있다. 2001년 7월에는 고치현 학생들이 한국 수달의 생태를 배우기 위해 지리산 지역을 방문하여, 수달 발자국과 수달 서식 환경 등을 관찰하기도 했다. 야생동물연합 한상훈 의장은 일본 수자키 시 등에서 수달 공원이나 인공증식연구소 등이 자리가 잡히면 양국 정부 차원에서도 한국 수달을 일본에 보내거나 한국에서 인공 수정해 일본의 야생 상태로 보내는 일 등이 본격적으로 추진될 수 있을 것으로 전망하고 있다.

야생 동물 교류는 두 나라의 우호 관계가 전제되어야 하는 것이어서 한일 공동 월드컵을 통해 어떻게 두 나라의 관계가 재정립될지 관심사다. 수달 복원 프로그램에 대한 협력 문제도 하나의 리트머스 시험지가 되지 않을까 싶다. ___ 예진수 문화일보 기자

짝짓기도 힘든 산양

2000년 가을 지리산에서 천연 기념물 329호이자 환경부가 멸종 위기 야생 동물로 지정한 반달가슴곰이 카메라에 잡히면서 사라져가는 야생 동물들에 대한 관심이 새롭게 일고 있다. 이런 관심은 우선 국내에 서식하고 있는 희귀 야생 동물들의 숫자가 어느 정도나 될까 하는 의문부터 갖게 한다.

자연유산보존협회는 2000년 초 문화재청에 제출한 '천연 기념물 산양과 사향노루의 분포와 생태에 관한 연구 보고서'에서 국내에는 200여 마리의 산양(천연 기념물 217호)과 열여섯 마리 정도의 사향노루(천연 기념물 216호)가 서식하고 있다고 밝혔다. 민통선 지역과 강원도 오대산·설악산, 충북 월악산, 경북 봉화군 등에 남아 있는 산양의 경우 1960년대 폭설로 먹이를 찾아 민가에 접근했다가 수천 마리가 대량 포획됐고, 산림·서식지가 파괴되면서 그 숫자가 더욱 줄었다는 것이다. 또 사향노루의 경우 지리산과 경북·강원도 지역에 서식하고 있는 것으로 보고했다.

하지만 야생 동물 분포를 조사하는 전문가들은 다른 의견을 내

놓고 있다. 야생동물연합 상임의장인 한상훈 박사는 "산양은 500 ~600마리 정도 서식하는 것으로 추산되고, 사향노루는 서식이 확실하지만 흔적을 찾기가 어려워 정확한 개체수를 확인하기는 쉽지 않다"고 말했다. '산양 똥을 먹는 사람'이란 책을 펴내고 자전거 전국 일주를 통해 설악산의 훼손 실태를 널리 알리고 멸종 위기에 놓인 산양을 함께 살리자고 호소하기도 한 설악녹색연합의 박그림 씨는 전국적으로 산양이 700마리쯤 서식하고 있다고 장담한다. 국립공원관리공단 채희영 박사도 "국내에 서식하는 산양의 숫자가 200마리보다는 많을 것"이라며 "사향노루는 종을 혼동하는 경우가 종종 있다"고 말했다. 숫자가 얼마든 간에 이들 산양이 전국 곳곳에서 단절된 상태로 서식하고 있다는 것이 큰 문제다. 따라서 근친 교배로 인해 종이 사라질지 모른다는 우려도 나오고 있다.

한편 표범이나 여우의 경우 목격 사례나 여러 가지 증거에 비춰 국내에 열 마리 이상씩 서식하고 있는 것으로 전문가들은 보고 있으나, 늑대의 경우는 거의 관찰되지 않고 있다. 호랑이도 출현했다는 소문은 무성하지만 직접적인 증거는 아직 나타나지 않고 있다. 전문가들은 "지역 주민들이 표범이나 시라소니를 호랑이로 오인하거나 들개를 늑대로 오인하는 경우가 있어 철저한 확인 작업이 필요하다"고 말했다.

이처럼 대부분의 야생 동물들이 줄고 멸종 위기에 처해 있는 한국은 야생 동물 종수로는 세계에서 가장 가난한 나라 가운데 하나로 꼽히고 있다. 세계자원연구소 · 유엔환경계획 · 유엔개발계획 ·

세계은행이 2000년 가을 공동으로 내놓은 '세계자원보고서 2000 ~2001'에 따르면 한국은 국토 1만 m^2당 야생 동물 종수가 포유류 23종, 번식 조류 53종, 파충류 12종, 양서류 7종 등 모두 95종으로 155개국 평균치 231종에 크게 미달하여 131위를 차지했다. 국제 자연보전연맹(IUCN) 등의 자료를 취합한 이번 분석은 전체 종수를 면적으로 단순히 나누기보다는 종-면적 곡선을 바탕으로 표준화 과정을 거쳐 얻은 것으로 국토 1만 km^2에서 평균적으로 관찰할 수 있는 야생 동물 종수를 의미한다. 이번 조사에서는 해양 생물과 민물고기 · 무척추동물 등은 제외됐으며 식물의 경우는 1만 km^2당 1,359종으로 한국이 전체의 중간인 77위를 차지했다. 더욱이 한국보다 야생 동물 종수가 작은 나라는 이집트 · 러시아 등 사막 · 극지방에 위치한 나라들이고 나머지도 북한 · 우즈베키스탄 등 자료가 누락된 13개국인 점을 감안하면 한국은 야생 동물의 종다양성에 있어서 가장 가난한 셈이다. 반면 야생 동물 종류가 가장 풍부한 나라는 싱가포르 · 에콰도르 · 콜롬비아 · 코스타리카 · 파나마 등의 순으로 열대 지방에 위치한 국가들이 차지했다.

한편 국립환경연구원 유병호 야생동물과장은 "한국이 상대적으로 종다양성이 낮은 온대 지역에 위치한 데다 국토 면적이 좁은 탓에 낮은 순위로 나온 것으로 보인다"고 말했다. 한국이 원래부터 종다양성이 낮았다지만, 그렇기 때문에 그나마 몇 종 안 되는 야생 동물을 보호하기 위한 노력은 더욱 절실하다.

_____ 강찬수 중앙일보 환경전문기자

이 새를 아시나요

옛날에 '그레이트 오크great auk' 라는 새가 있었다. 한때 북반 구에서 아주 흔해서 '북반구의 펭귄' 이라는 별칭을 가졌던 이 새는 체구는 큰데 반해 날지도 빨리 걷지도 못하는 아주 둔한 새였다. 이 새는 1534년 한 프랑스 탐험가에 의해 뉴 펀들랜드 해안의 펑크 섬에서 발견됐는데, 그의 대원들이 몇 마리를 잡아 식량으로 사용 한 것이 이 불운한 새가 인류와 처음 접촉한 사건이었다. 이 새는 이 사건 이후에도 250년 간을 평화롭게 살았으나 1785년 베개와 매트리스의 속으로 쓰일 깃털을 구하는 상인들이 펑크 섬에 도착 하면서 멸종의 운명을 맞게 된다. 상인들은 그레이트 오크가 깃털 이 풍부하다는 이유로 무차별 학살했고, 이 새는 1841년에 이 섬에 서 완전히 절멸한다.

물론 스코틀랜드, 아이슬란드 그리고 아일랜드의 섬에 서식하 고 있던 이 새의 운명도 펑크 섬에서와 다를 바가 없었다. 1844년 6월 3일 아이슬란드 남쪽 해안 엘디 섬에서 존 브래드슨John Bradsson 등 두 어부가 지구상에 마지막 남은 한 쌍의 그레이트 오크를 잡아 살해했으며, 이 한 쌍이 품고 있던 마지막 알을 깨뜨 려버렸다. 그레이트 오크라는 새가 한때 지구상에 엄청난 수로 살 았다는 기록만 남긴 채 지구상에서 완전히 사라지는 순간이었다.

10년 전만 해도 미국 플로리다주 타이터스빌의 늪지에는 '거무 스름한 바다 참새' 로 직역되는 'dusky seaside sparrow' 라는 새 가 살았다. 이 참새도 개발 붐을 타고 서식지가 파괴되자 급속하게 숫자가 줄어들었다. 야생 동식물 관리 당국은 이들 새에 인식 표지를 하는 등 보존에 갖은 노력을 기울였으나 허사로 그친다. 당국은 그 새가 여섯 마리까지 줄자 모두 포획해 보호했는데 유감스럽게도 모두 숫놈이었고, 1987년 6월 16일 관리 당국자들이 지켜보는 데서 마지막 새가 죽어버림으로써 이 종은 지구상에서 멸종했다.

현재 지구상에 사는 생물은 175만 종에 이른다. 국제야생동식물보호단체들은 이 가운데 3만 1,472종이 '그레이트 오크'나 '검은머리바다참새'처럼 멸종 위기에 있다며 보호의 목청을 높이고 있다. 비단 세계적 통계뿐만 아니다. 우리가 살고 있는 한반도에도 동물 1만 8,029종, 식물 8,271종 등 모두 2만 6,300종이 서식하고 있는데, 종수가 급격히 줄어 정부가 보호종으로 지정한 동식물이 151종에 이른다. 어린이들의 동화 속 친구들인 늑대, 호랑이, 구렁이, 장수하늘소, 황새 등 43종은 멸종 위기에 처해 있어 우리 땅에서는 영원히 볼 수 없는 지경에 이르고 있다. 무식한 밀렵과 무분별한 개발로 인한 서식지 파괴 탓이다.

동식물 감소로 인한 생물종의 단순화는 인간의 위기를 의미한다. 사람을 포함해 생물의 삶에 필요한 온갖 물질과 환경을 제공하는 생태계의 파괴를 뜻하기 때문이다. 지구상에서 사라진 새들이 생각난다. _____ 이정윤 일간보사 기자

8 ___ 위기의 백두대간

동물도 외면한 이동 통로

백두대간을 비롯해 전국의 생태계가, 도로 개설과 댐 건설, 광산 개발, 위락 단지 조성 등 각종 시설이 들어서면서 토막토막 잘려 나가고 있다. 백두대간만 해도 남한만 총 연장 670km 가운데 80여 곳에 도로가 개설되어 8km마다 산맥이 잘린 채 마구 파헤쳐져 있다. 이 때문에 야생 동물은 이동 통로가 막혀 고립된 채 멸종되어가고 있고, 식물도 전이 현상이 단절돼 생태계 파괴 현상이 가속되고 있다.

특히 미시령, 한계령 등 해발 1,000m가 넘는 준령에 개설된 도로는 야생 동물들이 도저히 건널 수 없는 거대한 장벽을 이뤄 생태계의 고리를 끊고 있다. 이 때문에 정부에서는 야생 동물들에게 살길을 열어주기 위해 1997년부터 산이나 계곡을 관통하는 개발 사업을 시행할 경우 동물의 이동 통로를 설치하도록 권유하고 있다. 그러나 말 그대로 권유에 그쳐 지금까지 만들어진 이동 통로는 지리산 시암재 등 전국 10여 곳에 모양새만 갖추고 있을 뿐이다.

경기도가 30억 원을 들여 만든 고색-의왕간 오봉산 이동 통로는 위치 선정이 잘못돼 동물들이 이동을 기피하고 있다. 동물들이 평소에 다니는 길은 내버려두고 설치하기에 용이한 곳에 길을 만들었기 때문이다. 노선이 결정되고 대규모 굴착 공사가 진행된 뒤에야 생태 이동 통로를 개설하다 보니 당연한 귀결이었다. 동물의 생활권 범위와 이동 습관에 대한 정보를 수집하기 위해서는 전문가들은 최소한 3년 정도 걸린다고 하지만 우리는 그렇게 기다릴 여유도 계획도 없었던 것이다. 환경부가 해발 850m의 지리산 시암재에 1998년 최초로 설치한 터널형 이동 통로는 너무 협소해 곰 같은 덩치 큰 동물들에게는 무용지물이나 다름없다.

그나마 신규 도로는 계획 과정에서 터널을 뚫거나 이동 통로를 만들도록 하고 있지만, 기존 도로는 건설교통부(국도)와 행정자치부 및 지방자치단체(지방도), 도로공사(고속도로) 등으로 관리 주체가 나눠져 있는 데다 이를 위한 예산 확보도 되지 않아 서로 나 몰라라 하는 실정이다. 2001년 4월에서야 건설교통부가 2003년까지 백두대간을 관통하는 13개 국도에 총사업비 260억 원을 들여 생태 통로(Eco-Bridge)를 설치할 계획이라고 발표했다. 하지만 외국에 비하면 동물들에 대한 배려가 아직은 형편없는 수준이라는 것을 금방 알 수 있다.

야생 동물 보호에 열정을 쏟고 있는 호주에서는 도로를 지나는 캥거루가 차량과 충돌해 발생하는 사고를 줄이기 위해 차량 범퍼를 철골 대신 나무로 제작할 정도다. 또한 2000년 시드니 올림픽을 개최하기 위해 선수촌을 건설하면서 발견된 개구리를 시드니 올림픽의 마스코트로 사용했다. 독일 본의 남부 구릉지 하이더호프 도로에서는 매년 봄마다 '두꺼비 이동' 이라는 표지판을 설치한다. 이 표지판이 설치되면 3~4개월 동안 도로 약 200m 구간에 차량 통행이 금지된다. 산란기에 접어든 두꺼비를 보호하기 위해 독일 국민들이 불편을 기꺼이 감내하는 것이다. 우리는 어떤가?

_____ 정정화 한국일보 기자

군화에 묻어 온 외래종

분단 비극의 상징인 비무장 지대(DMZ)를 울창한 숲과 다양한 동식물이 서식하는 별천지로만 해석하는 사람들이 많다. 물론 과거에 논이었던 곳이 전쟁 이후 방치되면서 갈대숲이 우거진 아름다운 습지로 변화한 DMZ 지역은 경이감을 안겨준다. 반세기 이상 사람 발길이 닿지 않은 탓에 일부 지역은 멸종 위기의 희귀 동식물들이 대거 서식하고 있다.

그렇지만 실제로 현장을 둘러보면 치열한 전투의 상흔으로 대다수 지역 생태계가 참혹한 부상을 입었음을 금방 알 수 있다. 이런 전쟁의 상처는 단순히 집중 포화로 곳곳에 커다란 모래 웅덩이가 만들어진 것이나 DMZ 안의 수많은 나무들이 무수하게 박힌 총알 자국들 때문에 아파하고 있는 것만 보더라도 절실하게 느낄 수 있다. 또 다른 전쟁의 흔적은 DMZ 내의 이단자이자 점령군인 외래 식물들이다. 이들은 남북한 쌍방의 전투로 피해를 입어 저항력이 크게 떨어진 우리 식물들과의 전쟁에서 승리하고 주요 고지들을 대거 점령해버렸다. 산림청 임업연구원이 6년이라는 적지 않은 시간 동안 DMZ 일원에 대한 생태계 실태를 조사한 결과 이 지역에 돼지풀, 중국 국화, 미국 미역취, 서양민들레, 개망초, 달맞이꽃 등 무려 97종의 외래 식물들이 살고 있는 것으로 확인됐다.

외부 세계와 단절돼 있는 DMZ에 어떻게 외래 식물들이 침입할 수 있었는지 궁금증을 가지는 사람들이 적지 않다. 특히 돼지풀은 미군의 군화에 묻어서 들어왔다는 학설이 유력하다. 그래서 일명 '양키풀'로도 불리운다. 한국전쟁 와중에 다급하게 이동하던 미군과 중국군 트럭의 곡물 등에 붙어 있던 씨가 길가에 뿌려져 돼지풀과 중국 국화 등이 이 땅에서 끈질기게 번성해 나갔다. 이를 잡초의 끈질긴 생명력이라고 할 수 있을까. 이들 식물들은 미군 부대가 남에서 북으로 북상하는 과정에서 서울을 거치지 않고 곧바로 비무장 지대 일대로 확산됐을 것으로 추정되고 있다. 전쟁 이후에는 미군 부대 등이 작전 과정에서 DMZ 인근에 길을 내자 그 틈으로 외래종의 상당수가 밀려 들어갔다.

DMZ 지역은 물론 한탄강 상류에 있는 포천군 관인면 사정리, 지류인 영평천과 신천이 각각 흐르는 연천군 청산면 백의리, 전곡면 전곡리 등 아홉 개 강변 지역에는 단풍잎돼지풀과 둥근잎돼지풀이 37종의 관속식물 가운데 가장 밀도가 높은 군락을 이루고 있다. 1950년대에 미군 군수 물자와 함께 한국에 상륙한 돼지풀은 산성 물질을 분비해 다른 자생 식물과 곤충 들을 죽이고 번식지를 넓혀가고 있다. 임진강 일부 강변은 물론 인근 아까시나무 숲 밑에까지 돼지풀이 깊숙이 침투했다. 다양한 수생 식물들이 어울려 있던 강변 식물 생태계는 여지없이 파괴됐다.

돼지풀은 오염된 지역에서도 번식 속도가 다른 식물에 비해 빠르다. 식물 불모지로 생각하기 쉬운 쓰레기 매립지에서도 돼지풀 등 외래종이 토종 식물과 뜨거운 영토 전쟁을 벌였다. 경기 파주 매립지는 파주시 길가를 점령했던 돼지풀이 침투해 들어와 2001년 7월 현재 90% 이상 뒤덮고 있는 실정이다. 인근 목장의 사료용 옥수수밭과 초지 등도 단풍잎돼지풀에 잠식되면서 건초와 사료 생산이 급감하는 피해를 봤다. 이제는 서울 중랑천변도 단풍잎돼지풀 군락지로 변해가는 등 전국 곳곳으로 번지고 있다. 키가 1~3m로 장신인 돼지풀의 꽃가루는 대기를 오염시키고 몸 속에 들어가면 알레르기성 비염과 눈 질환을 유발하는 등 워낙 악명이 높고 그 폐해가 커 1999년 6월 생태계 위해종으로 지정됐다.

북한의 DMZ 지역에서는 단풍잎돼지풀을 별로 찾아볼 수 없다는 것이 전문가들의 얘기다. 북한에서는 돼지풀을 이름부터 누더기풀이라고 붙인 뒤 몽땅 제거했다는 것이다. 구한말에 장마가 진 뒤 보지 못한 풀이 많이 자라나자 백성들은 나라가 망할 때 생긴 풀이라고 해서 망초라고 불렀다. 이처럼 풀 이름이 상징하는 의미는 적지 않다. 돼지풀이나 누더기풀은 모두 아름답지 못한 이름이며 더 나아가 우리가 슬기롭게 물리쳐야 할 대상이라는 의미를 담고 있다.

환경부도 1999년 우리 국민과 자연 생태계를 파괴하는 외래 식물 돼지풀과 단풍잎돼지풀을 없애자는 캠페인을 벌였다. DMZ 인근 통일촌에 폭 넓게 퍼진 외래종인 미국 미역취는 당초 제주도와 순천에 많이 서식했다. 최근에는 대전을 거쳐 통일촌에도 발을 뻗쳤다. 외래 식물들은 독특한 생태계를 유지하고 있는 DMZ 안에까지 뛰어들어가 토종 식물군을 대거 잠식했다. 북미 등지에서 들어온 귀화 식물이 남한 곳곳에 광범위하게 퍼지게 된 데는 토양 상태가 산성비 등으로 바뀌면서 이들의 원산지 식생과 비슷해졌다는 사정도 있다. 산성으로 바뀌는 토지와 전국을 뒤덮는 쑥부쟁이, 주홍시나물, 도깨비바늘, 돼지풀, 가막사리 등 귀화 식물을 누르고 우리 토종 동식물들이 다시 활개치는 날은 없을까.

국내에 유입된 외래 잡초와 각종 식물들의 폐해를 줄이는 것은 이를 퇴치할 수 있는 제초제를 개발하는 일로 끝날 문제가 아니다. 또 외래 식물뿐만 아니라 외래 도입종인 붉은귀거북(일명 청거북)

도 임진강을 따라 DMZ 인근 장단반도 하류로 영역을 넓혀가는 등 외래 동물도 종수가 빠른 속도로 늘어나고 있는 추세다. 게다가 난개발로 우리 토종 식물 서식처가 잇따라 파괴되고 있어 우리 고유 동식물을 아끼려는 마음과는 상반된 결과를 빚어내고 있다.

외래 식물로 점령군과 같은 위치에 있는 귀화 식물은 인간에 의해 생태계가 망가진 곳, 기존 숲이나 강 주변 가운데서도 토착 식물 군락과 관련 곤충들이 맥을 못추게 된 곳에 파고들기 때문에 귀화 식물 서식처는 생태계 파괴 현장이라고 해도 틀린 말이 아니다. 우리 토종 식물이 다시 활개치도록 하는 데 더욱 세심하고 과학적인 조사와 노력, 예산이 필요하다. 식물 주권을 회복하는 것은 바꿔 말하면 우리 자연 환경이 건강성을 되찾는다는 것을 뜻하기 때문이다. _____ 예진수 문화일보 기자

백두대간은 공동 묘지

한쪽에서는 포크레인이 흙을 파내고, 다른 한쪽에서는 15t 덤프트럭이 쉴새없이 흙을 실어낸다. 어른 키보다 큰 바퀴를 단 공사 차량이 이리저리 오가며 바닥을 다진다. 차량이 오가는 자리에는 흙먼지가 자욱하다. 인부들은 포크레인이 파놓은 언덕에 부지런히 축대를 쌓고 있다. 넓디넓은 작업장 구석 한곳에는 공사를 시작하면서 베어낸 나무 줄기와 파낸 거목의 그루터기(뿌리)가 뒤엉켜 또다른 산을 이루고 있다. 흙으로 덮어두었던 나무줄기와 뿌리가 썩

으면서 온 산과 계곡에는 악취가 진동한다. 썩어가는 나무뿌리 가운데는 지름이 80cm가 넘는 거목들도 부지기수다. 대형 트럭이 요란한 굉음을 내며 들락거리는 동안 크고 작은 나무와 희귀 식물이 자생하는 숲은 흙먼지에 뒤덮여 원래의 푸르름을 잃어버린다.

2000년 6월 20일, 강원도 태백시 창죽동 산 78-11번지 일대에서 벌어졌던 공동 묘지 조성 공사 현장이다. 다름 아닌 백두대간 한복판이다. 공동 묘지가 들어설 곳은 백두대간 태백시 구간의 피제와 한의령 사이의 영서 사면으로 해발 950m가 넘는 지역이다. 백두대간을 종주하는 등산로에서 불과 50m 정도 떨어져 있다. 이 공동 묘지 터는 20만 m²가 넘는 규모로 1만 5,000기의 묘지를 수용할 수 있도록 계획되었다. 1999년 3월부터 시작된 공동 묘지 조성 공사는 2000년 6월 당시 전체 공정의 40%까지 진행됐고, 지금은 90%에 가깝다. 묘지는 2001년 10월에 정식으로 개장할 예정이다.

백두대간에 들어서는 공동 묘지를 위해 '폐광 지역 지원에 관한 특별법'에 따라 100억 원이 넘는 예산이 지원됐다. 태백시는 '석탄 산업 합리화 사업' 시행으로 탄광에서 생계를 꾸려가던 사람들이 하나 둘씩 떠나가면서 시 인구가 급격히 줄어들어 공동화 현상이 나타나자 생존권 확보 차원에서 공동 묘지 조성을 시작했다고 설명한다. 시에서 공동 묘지를 조성해 죽어서 묻힐 곳 없는 가난한 시민들에게 저렴하게 누울 자리(?)를 제공함으로써 태백을 떠나려는 사람들을 한 명이라도 더 붙잡기 위한 오랜 숙원 사업이었다는 주장이다. 특히 이 사업으로 무분별하게 늘어나는 불법 분

묘를 집단화함으로써 훼손된 산림을 복구하고 자연 환경과 생태계를 보호할 수 있다고 강변하고 있다.

그러나 태백시는 시 전체 면적의 90% 이상 산지다. 많고 많은 산과 계곡을 놔두고 왜 하필이면 백두대간인가? 흔히 우리나라 생물 다양성의 표본이요, 민족의 등뼈로 불리는 백두대간에 혐오 시설로 인식되는 공공 묘지가 들어서야 되는 이유를 좀처럼 이해하기 어렵다. ____ 서쌍교 SBS 기자

아물지 않는 상처

속세와 떨어져 있다는 뜻의 이름을 가진 속리산은 예로부터 제2의 금강이나 소금강으로 불릴 만큼 경관이 뛰어나 이미 1970년에 국립 공원으로 지정됐다. 속리산의 총면적은 283km², 최고봉 천왕봉을 중심으로 문장대와 관음봉 같은 아홉 개의 봉우리가 북서쪽으로 활처럼 휘어져 있다. 기암 괴석으로 어우러진 산세를 감상하거나 1,000여 종이 넘는 동식물을 관찰하기 위해 찾아오는 탐방객이 한 해 200만 명을 넘는다. 백두대간의 큰 줄기가 지나가는 명산 중의 명산이다. 이런 속리산에 아직 아물지 않은 큰 상처가 있다. 공사가 중단된 용화·문장 지구 온천 개발 현장이 그것이다.

경북 상주시 화북면 산 23번지에 있는 용화 지구는 국립 공원 구역 안에 있고, 문장 지구는 국립 공원과 경계 구역에 위치하고 있다. 용화 지구에는 온천 단지가 들어설 계획이고, 문장대 지구에

는 설악산 내 숙박 시설 단지 같은 관광지와 각종 위락 시설이 들어설 예정이다. 용화 지구는 18만 2,000평, 문장대 개발 계획 면적은 28만 평 규모다. 지난 1996년 처음 공사가 시작됐으나 충북 괴산군과 경북 상주시 간의 갈등과 환경 단체의 개입으로 지금까지 부지 조성 공사도 끝내지 못하고 방치돼 있다. 5년 전에 부지 조성 공사만 해놓고 방치돼온 용화 지구는 온통 잡풀만 무성하다.

처음에는 토사 유출을 막아보려고 비닐로 절개지를 덮고 모래를 담은 마대로 비닐을 눌러놨지만, 시간이 지날수록 관리는 멀어졌다. 물이 흐른 자리에는 깊은 골이 패였고, 애써 만들어놓은 물길에는 썩은 물이 흘러 주변을 오염시키고 있다. 국립 공원 안에 수십만 평이 속살을 드러낸 채 방치되고 있으니 관리 공단으로서는 여간 신경 쓰이는 곳이 아니다. 할 수만 있다면 당장이라도 덮어버리고 싶지만 워낙 넓어 그럴 수도 없다.

용화 지구에서 500m쯤 떨어진 곳에 문장 지구 관광지 개발 공사 현장이 있다. 이곳은 속리산 문장대 정상에서 산줄기가 한 번에 흘러 내려온 곳으로 산 아래서도 문장대의 빼어난 모습이 빤히 올려다보인다. 그렇지만 흉물로 변한 지 오래다. 치맛자락 같은 산비탈이 완전히 뒤집어져 벌건 황토를 드러내놓고 있다. 공사장 규모는 한눈에 다 들어오지 않을 정도로 계곡과 능선을 포함하고 있다.

취재 차량을 이용해 공사장을 2~3km쯤 들어가자 산등성이 하나를 완전히 잘라낸 절개지가 나타난다. 산 중간을 100m나 들어낸 것이다. 잘려진 산줄기는 절벽으로 변해 마주보고 서 있고, 절벽

백두대간이란

백두산에서 지리산 천왕봉까지 작은 개울 하나 건너지 않고 높은 산의 능선으로만 연결된 총 연장 1,400km의 산줄기를 백두대간白頭大幹이라 한다. 지금은 휴전선으로 나뉘어진 백두대간이지만 남한 지역의 지리산~향로봉 구간만도 670km에 이른다.

백두대간의 개념은 멀리 고려 시대 때부터 생겨나기 시작해 18세기에 확립된다. 성호 이익의 『백두정간』이나 여암 신경준의 『산수고』와 『산경표山經表』 등에서 백두대간이란 말이 등장하기 시작한다. 특히 '산은 스스로 물줄기를 가른다' 는 산자분수령山自分水嶺의 원리에 따라 『산경표』에서는 전국의 산줄기를 1대간(백두대간), 1정간(장백정간), 13정맥(낙동정맥 등)으로 나눠놓고 백두대간을 그 으뜸으로 삼았다.

백두대간과 여기에서 갈라져 나온 정간, 정맥은 단순히 산줄기와 물줄기를 나누는 것으로 끝나는 것이 아니다. 사람들의 생활 습관, 풍속, 기후, 생태계 등을 구분하는 기준이 되기도 한다. 예를 들어 강원도 영서 지방과 영동 지방의 기후는 큰 차이가 난다. 남해안 지역 기후는 호남정맥과 남남정맥으로 내륙 지방의 기후와 구분된다.

지금은 곳곳이 단절돼 있지만 백두대간은 야생 동물과 식물의 이동 통로로서 중요한 구실을 해왔다. 지금도 백두대간 상에 국내 스무 개의 국립 공원 중 일곱 개가 자리잡고 있다. 우리의 생물 자원을 보존하기 위해서는 백두대간을 지켜야 한다는 지적이 나오는 것도 이 때문이다. <u>강찬수 중앙일보 환경전문기자</u>

아래는 산에서 흘러내린 흙더미가 쌓여 발이 푹푹 빠진다. 원래 산 등성이였던 곳은 평지로 변했다. 공사장 밖의 숲은 20~30년 된 소나무가 빽빽하게 자라고 있어 너무나 극명한 대조를 이룬다. 공사장 맨 아래에는 비가 올 때 물을 가두기 위한 침수지를 너댓 군데 조성해놨다. 토사가 유출되는 것을 막기 위한 것이라고는 하지만 많은 양의 물을 저장하기에는 누가 봐도 역부족이다.

속리산 내 용화·문장 개발 사업은 당초 1996년부터 시작됐지만 1998년부터 법정 소송으로 사업이 중단돼 지금까지 흉물스런 모습으로 남아 있다. 앞으로도 개발 공사는 쉽지 않아 보인다. 그렇다고 복구할 수 있는 방안이 뚜렷이 있는 것도 아니다. 누구 하나 책임지는 사람이 없어 금수강산의 절경만 흐트러뜨린 채 속절없이 시간만 흘러가고 있다. ___ 서쌍교 SBS 기자

허리 자른 채석장

충북 영동군 추풍령 고갯마루에서 북쪽으로 500m 쯤 떨어진 금산은 정상이 382m에 불과한 작은 봉우리이지만 백두대간을 남북으로 연결하는 배꼽에 해당하는 의미 있는 산이다. 이 금산의 정상 봉우리가 지금 완전히 사라질 위기에 놓여 있다.

2000년 7월. 경부고속도로 추풍령 IC를 빠져 나가 국도를 따라 자동차로 북쪽으로 5분쯤 달리자 산봉우리 하나가 절반이 잘려 나간 모습으로 나타난다. 지난 수십 년 간 계속돼온 채석장이다. 공

사장 한쪽에는 바위에서 깨낸 자갈이 거대한 높이로 쌓여 있다. 금산의 암반 재질이 철도용 자갈로 안성맞춤이라고 해서 자갈을 생산하고 있는 것이다. 그러나 이곳은 그냥 평범한 채석장이 아니다. 백두대간 주능선에서 돌을 캐내는 채석장이다. 경부고속도로에서 직선 거리로 불과 1km 남짓하지만 고속도로에서는 공사장이 보이지 않는다.

산은 마치 밥그릇을 뒤집어놓고 위에서 아래로 절반을 잘라놓은 모양이다. 산꼭대기부터 맨 아래 바닥까지는 그야말로 수백 미터 낭떠러지다. 거대한 암반에 기가 질린다. 공사장 관리인은 취재 기자의 접근이 부담스러운 듯 앞을 막아선다. 한참 동안의 승강이 끝에 현장으로 좀더 가까이 접근할 수 있게 됐다. 절벽 아래에는 파쇄기가 쉴새없이 돌아가고 허연 먼지가 온 공사장을 뒤덮는다. 집채만한 바위를 실은 트럭이 매연을 내뿜으며 언덕길을 올라간다. 트럭이 짐을 싣고 부리고 하는 동안 절벽 밑에는 바위를 잘라내는 굴착기 기계음이 끊임없이 이어진다. 옆 사람 말이 들리지 않을 정도로 소리가 요란하다. 공사장 한쪽에는 복구를 한답시고 조경을 해놨는데, 어이가 없어서 말문이 막힌다. 수만 평이나 되는 공사장 한쪽 모서리에 측백나무를 몇 그루 심어 복구 흉내를 냈다. 정상 바로 아래 9부 능선, 바위를 깨어낸 자리에 대나무와 야생 산죽을 옮겨심어놨다. 측백이나 대나무가 사철 푸르다는 계산에서, 크게 돈들이지 않고 흉해 보이는 부분을 가리겠다는 생각인가 보다. 이렇게라도 규정을 지키려는 성의(?)가 눈물겹다. 그나마 몇 그루 되지도 않는 대나무는 모두 말라죽어 누렇게 변해버렸다. 그야말로 손바닥으로 하늘 가리기다.

산 정상을 넘어 남아 있는 숲도 온전하지 않다. 울창한 참나무숲 사이로 추가로 깎아낼 부분을 빨갛게 표시해놨다. 백두대간 봉우리가 완전히 사라지는 것은 이제 초읽기에 들어간 셈이다. 아직 남아 있는 금산 허리를 돌아 정상으로 연결된 백두대간 종주 등산로에 베어 넘어진 나무 더미가 나타난다. 수령이 20년은 됐을 것 같은 소나무, 잣나무, 참나무 등등이 10m 폭으로 줄줄이 넘어져 있다. 2000년 6월 현장을 취재했을 때 모습이다.

금산은 지금 절반의 봉우리만 남은 모습으로 위태롭게 서 있다. 금산을 완전히 잘라내기 위해서는 추가로 허가를 받아야 하는데 경북 김천시에서 허가를 하지 않는다고 한다. 환경론자들의 입장에서는 무척 다행스럽다.

금산은 지난 수십 년 간을 돌 깨는 기계에 시달려왔다. 과거에는 경부선 철도용 자갈을 공급하기 위해서 그랬고, 요즘에는 고속전철 공사용 자갈을 생산하고 있다. 앞으로도 10년 이상 이 자리에서 자갈을 생산할 수 있다고 한다. 이 금산 채석장은 백두대간 훼손의 대표적인 사례로 꼽힌다. 백두대간이 앞으로 얼마나 더 심한 구박을 받아야 할지 아무도 모르는 일이다. _____ 서쌍교 SBS 기자

연어가 돌아오지 않는 이유

강원도 양양 지역을 지나 동해로 흐르는 남대천은 초가을이면 바다에서 연어가 회귀하는 강으로 유명하다. 연어가 회귀할 때쯤이면 관광객들이 구름처럼 몰려들어 지방세수 증대에도 큰 몫을 하고 있다. 이 남대천 상류에는 공수전 계곡이라는 산 높고 물 좋은 계곡이 있다. 공수전 계곡은 설악산 남쪽 영동 산악 지역에서 발생하는 물줄기를 모아 남대천으로 보낸다. 일년 내내 맑은 물이 흐르고 가뭄을 타지 않아 지역 주민들에게는 여간 고마운 계곡이 아니다. 물론 물 속에서는 쏘가리 같은 토종 민물고기도 어렵잖게 잡을 수 있다.

그런데 최근 이 공수전 계곡의 생태계가 완전히 망가져버렸다. 지난 1996년부터 이곳에 점봉산 양수 발전소 하부 댐 공사가 진행되면서 공수전 계곡은 옛날의 명성을 되찾기 어려운 상황을 맞이하고 있다.

S자 모양으로 산을 끼고 돌아가던 자연 하천의 물줄기를 막아버리고, 산에 터널을 뚫어 물길을 직선으로 바꿔버렸다. 댐을 막으면서 계속 흐르는 물이 공사에 지장을 준다는 이유로 물길을 끊어버린 것이다. 물은 400~500m의 터널을 지나 훨씬 하류로 곧바로 흐르게 됐고 산을 끼고 돌던 중간의 하천 일부는 없어져버렸다. 지금은 계곡 양쪽 산허리를 연결하는 둑을 쌓아 올리는 중이다. 문제는 이로 인해 물고기의 이동 통로가 없어져버렸다는 것이다. 이로써 공사가 벌어지는 곳으로부터 상류로 10km나 더 올라가던 연어

나 은어 같은 바다 회귀 어류는 더 이상 구경할 수 없게 됐다.

공사장 어디에도 물고기들의 이동 통로를 확보하기 위해 만들어야 하는 어도는 찾아볼 수 없다. 여기에다 자연석을 채취하면서 강바닥을 완전히 긁어버리는 바람에 토종 민물고기의 서식처를 근본적으로 교란시켜버렸다. 취재를 하는 동안에는 피라미 같은 흔한 물고기도 찾아볼 수 없었다. 공수전 계곡의 물고기는 대부분 사라져버린 것이다.

댐 공사가 벌어지는 곳에서 상류로 2.3km 구간에는 하천 바닥에 일반적으로 널려 있는 자연석을 구경하기 어려웠다. 댐이 만들어지면 수몰될 지역이라 관할 관청에서 관상·조경용으로 경매에 부쳐 모두 내다 팔아버린 것이다. 이 하천 바닥에서 반출된 자연석 규모는 8만 8,000t, 8t 트럭을 1만 1,000대나 동원해야 하는 규모로 12억 원이 넘는다. 담수를 하기까지는 아직도 몇 년의 세월이 남아 있지만 탐욕스러운 관청이나 인간들이 참고 기다리기에는 너무 긴 세월이었나 보다.

하천변 공터에는 앞으로 공사에 쓰일 골재를 산더미처럼 쌓아 놓았다. 큰비라도 오면 모두 휩쓸려 갈 것 같아 무척 위험해 보이지만 대수롭지 않게 생각하는 눈치였다. ____ 서쌍교 SBS 기자

물에 잠기는 지리산

지리산 천왕봉에는 '한국인의 기상 여기서 발원되다' 라고 적힌

1.5m 높이의 비석이 서 있다. 지리산에 묻혀 있는 생태적·문화적·역사적인 의미를 함축한 말이다. 그런데 이런 지리산도 개발 앞에서는 예외가 아니다. 경남 산청군 시천면 지리산 자락에는 두 곳에서 거대한 물막이 공사의 마무리 작업이 한창이다. 지리산 양수댐 건설 공사 현장으로 벌써 8년째다. 이 양수댐은 2001년에 완공될 예정이다.

양수댐 공사는 상부, 하부 두 곳에서 벌어지는데 상부 댐은 해발 700m 지점에, 하부 댐은 200m 지점에 만들어지고 있다. 상부 댐이 들어서는 곳은 경남 산청군 고운동 계곡으로 불리는 곳이다. 고운 최치원 선생이 이 골짜기에 들어와 살았다고 해서 유래됐다는 설도 있고, 높은 산에 구름이 항상 걸려 있다고 해서 붙여진 이름이라는 주장도 있다. 고운동 계곡 주변은 백두대간 생태계의 핵심이라는 지리산 가운데서도 가장 우수한 동식물상이 분포하는 생태계의 백미로 꼽힌다. 특히 주목, 구상나무, 가문비나무, 잣나무, 올벗나무, 지리괴불나무 같은 학술적인 가치가 높거나 희귀한 수종이 자생하는 것으로 확인됐다.

10년 전 공사를 시작하기 전의 환경 영향 평가에서도 20년에서 50년생 나무가 울창한, 녹지 등급 8등급 이상의 극상림 지역으로 평가받은 곳이다. 반달가슴곰을 비롯해 사향노루, 수달, 담비 같은 멸종 위기종의 동물이 수시로 목격되고, 최근 급격하게 개체수가 줄고 있는 양서류·파충류도 흔히 관찰된다. 이런 계곡의 숲을 모두 잘라내고 산을 깎아 댐을 건설하는 것이다.

이 양수댐과 인접한 두 곳에 두 개의 거대한 댐이 추가로 계획되고 있다. 지난 1999년, 건교부와 수자원공사가 점점 물 사정이 나빠지고 있는 낙동강 지역 주민들의 물 대책 방안으로 지리산에 부산·경남 지역 주민들의 식수 전용 댐을 건설한다는 계획이 처음 알려졌다.

천왕봉을 중심으로 남쪽에는 산청댐, 북쪽에는 함양댐을 건설한다는 것이다. 두 곳 모두 천왕봉으로 오르는 지리산의 들머리로 댐이 계획대로 추진되면, 동부 지리산은 완전히 댐으로 둘러쌓이게 된다. 산청댐 예정지는 경남 산청군 시천면 외공리로, 백두대간 주능선에서 북쪽으로 11km 정도 떨어져 있다. 면적은 약 50만 평, 영향권은 반경 30km로 동부 지리산 전역에 안개일수 증가 등 기후 변화를 초래할 가능성이 높다고 전문가들은 지적하고 있다. 함양댐은 경남 함양군 휴천면 문정리 일대로 백두대간 주능선에서 북쪽으로 9~10km 정도 떨어져 있고, 면적은 역시 50만 평 정도다. 영향권은 반경 30km로 지리산 동부 권역 전체에 영향을 미치게 된다.

댐이 예정대로 추진되면 댐의 진입로를 만들기 위한 대규모 벌목과 산자락 절개가 불가피하다. 지리산 식수댐 건설 계획은 당초 2001년 6월 이전에 최종 결정날 예정이었으나, 2000년 6월 영월 동강댐 백지화 등의 영향으로 표면화되지 못하고 건교부와 수자원공사 내부 방침으로만 알려진 채 시간만 끌고 있다. 지난 봄부터 계속된 극심한 가뭄으로 항구적인 물 수급 대책의 필요성이 제기되면서 최근 또다시 그 가능성이 조심스럽게 점쳐지고 있다. 지리산 지역의 식수댐 공사를 놓고 환경 단체나 지역 주민들은 크게 반발하고 있다. 지리산 식수댐이 추진될 경우 그 반발과 파장은 동강댐이나 새만금 사업의 반발 정도를 훨씬 넘어설 것으로 예상된다.

_____ 서쌍교 SBS 기자

흙 못 밟는 국립 공원

콘크리트에 갇혀 사는 도시민들이 자연의 바람과 흙 냄새, 계곡에 흐르는 물 소리를 듣기 위해 찾는 국립 공원이지만 이곳에서도 점점 맨 흙을 딛고 다니기가 어려워지고 있다. 등산로 곳곳에 돌 계단과 나무 계단이 들어서고 있기 때문이다. 계단을 설치하는 것은 자연 그대로의 모습을 지키는 것이 아니기 때문에 환경 단체의 반발도 많은 편이다. 하지만 국립 공원이 수용하기에는 너무도 많은 '탐방객'들이 찾기 때문에 어쩔 수 없는 조치로 보인다. 전문가들은 서울 인근의 북한산국립공원이 연간 최대로 수용할 수 있는 인원을 약 60만 명으로 보고 있다. 그러나 실제로 북한산국립공원을 찾는 사람은 매년 400만 명이 넘는다. 수용 인원의 일곱 배 수준이다. 다른 국립 공원도 마찬가지다. 내장산국립공원의 경우는 수용 능력의 20배, 설악산 · 가야산의 경우도 수용 능력의 세 배나 되는 탐방객이 매년 찾고 있다.

이처럼 너무 많은 사람들이 국립 공원을 찾으면서 문제가 발생하게 된다. 수많은 탐방객의 발길에 국립 공원 내 등산로가 파헤쳐지고 주변 산림도 심하게 훼손된다. 탐방객이 많아 서로를 피하려다 보니 좁은 등산로가 점점 넓어지게 된다. 넓어진 등산로가 훼손돼 굴곡이 심해지고 탐방객이 원래 등산로가 아닌 옆을 지나다니면서 등산로가 더 넓어지는 악순환이 거듭되고 있다.

국립공원관리공단이 최근 한국환경생태학회에 의뢰해 전국 국립 공원 등산로의 훼손 실태를 조사한 결과, 전체 1,143km의 75%인 857km가 '훼손 등산로'로 파악됐다. 훼손된 등산로의 길이가 거의 경부고속도로(428km)의 왕복 거리에 해당한다. 국립 공원별로는 속리산이 88%로 훼손 비율이 가장 높았고, 치악산·가야산·지리산·주왕산도 등산로의 80% 이상이 훼손됐다. 특히 정상적인 등산로의 경우 폭이 1.5m인데 비해 훼손 지역의 등산로는 폭이 2.5m나 더 넓은 평균 4m로 나타났다. 또 등산로 토양이 빗물에 씻겨 내려가 깊이 30cm 이상 파헤쳐진 곳도 많다. 등산로 주변에는 나무는 뿌리가 그대로 드러난 경우도 적지 않다.

전문가들은 이 같은 상황을 그냥 내버려둘 경우에는 산사태 등 더욱 심각한 상황으로 이어질 수밖에 없다고 말한다. 몇 년 동안 출입을 금지하는 자연휴식년제를 도입하거나 복원 작업을 추진해야 한다는 것이다. 환경생태학회에서 어림잡아 계산해본 바로는 산림 식생을 복원해야 할 등산로 주변의 훼손지 면적은 214만여 m^2(65만 평)에 이르고 복구 비용도 2,700억 원 이상 들어간다. 국립공원 모든 구간을 자연휴식년제로 묶어둘 수도 없고 많은 돈을 들여 복원을 한다고 해도 탐방객이 몰리면 또다시 훼손될 수밖에 없다. 국립공원관리공단측은 "지형과 여건에 맞춰 탐방객도 다닐 수 있고 훼손 지역도 복원될 수 있도록 목재 계단 등을 설치할 수밖에 없다"고 말한다.

예약제를 도입해 탐방객 수를 제한하지 않는 한 국립 공원에는 더 많은 돌 계단, 나무 계단이 자꾸 생길 수밖에 없다. 그렇다고 우리 국민들이 찾아가 자연을 즐길 곳이 지극히 부족한 상황에서 탐방 인원을 제한하기도 쉽지 않은 상황이다. 결국 더 이상의 훼손을 방지하기 위해서는 국립 공원 안에서도 흙을 밟고 다니기가 쉽지 않게 됐다. _____ 강찬수 중앙일보 환경전문기자

9 ___ 뒤돌아본 환경 사건

돈 먹는 하마 : 시화호

해양수산부는 2001년 7월 경기도 안산 시화호의 수질을 오는 2006년까지 화학적산소요구량(COD) 기준 2등급(2ppm 이하) 수준으로 끌어올리는 것을 목표로 한 '시화호특별관리해역 종합관리 계획'을 수립했다고 발표했다.

'죽음의 호수'로 불리면서 우리 나라의 대표적인 환경 문제로 떠올랐던 시화호의 담수화를 포기했음에도 또다시 7,000여 억 원의 국민 세금이 더 들어가게 됐다. 방조제 건설비 6,220억 원,

1996년부터 환경부가 주관해 추진해온 수질개선사업비 4,896억 원까지 더하면 잘못 꿴 첫 단추 때문에 1조 8,457억 원에 이르는 엄청난 돈이 들어갔거나 들어가게 된 것이다.

시화호는 원래 수도권 인구와 산업체 분산을 목적으로 지난 1985년 구상에 들어갔고 1987년 4월 방조제 공사로 시작됐다. 경기도 시흥시 오이도와 안산시 대부도를 거쳐 화성군으로 연결되는 12.7km의 방조제가 1994년 1월 완공되면서 시화호가 탄생했다. 시화호는 주변 지역을 매립해 만든 농지와 공업 단지에 농업·공업용수를 공급하기 위한 담수호로 계획됐다.

그러나 시화 지구 개발 사업의 배경에는 1980년대 후반 중동 등 해외에 진출한 건설 업체들이 철수하는 등 극심한 건설 경기 침체가 이어지자 건설 장비를 활용하고 고용을 확대하겠다는 정부의 의도가 숨어 있었다. 이 때문에 철저한 사전 준비 없이 졸속으로 사업이 추진되면서 많은 문제점을 드러냈다. 무엇보다 큰 문제는 하수 처리장 등 환경 기초 시설이 갖춰지지 않은 상태에서 물을 가둬버린 것이었다. 방조제가 완공되면서 시화호에는 오폐수가 차오르기 시작했다. 특히 인근 안산시·시흥시 등에서 들어오는 생활 오수와 안산·반월 공단의 산업 폐수, 화성군 등지의 축산 폐수가 제대로 걸러지지 않고 호수 바닥에 쌓이기 시작했다.

문제가 심각해지자 농업진흥공사는 1996년 봄 오염된 시화호 물을 바다로 방류하고 대신 바닷물을 끌어들여 시화호를 정화하겠다고 나섰고, 환경 단체는 "오염된 물을 방류할 경우 해양 생태계까지 파괴된다"며 시화호 갑문 앞에서 선상 시위를 벌이는 등 크게 반발했다. 이런 가운데 방조제를 중심으로 서쪽에는 파란 서해 바닷물이, 동쪽에는 폐수가 고인 시커먼 물이 항공 사진, 인공 위성 사진으로 찍혀 신문, 방송을 장식했다. 시화호가 '죽음의 호수'라는 이름을 얻은 것도 바로 이때다.

사태가 심각해지자 정부는 1996년 7월 4,400여 억 원의 예산으로 하수 처리장을 건설하는 등 2005년까지 시화호 수질을 개선해 담수호로 유지하기로 했다. 그러나 수질 개선 대책에도 불구하고 인근 안산·시흥 지역의 생활 오수와 축산 폐수, 안산·반월 공단의 산업 폐수가 제대로 걸러지지 않고 유입되면서 1997년에는 시화호의 수질이 COD로 26ppm까지 치솟았다. 이 때문에 정부는 1997년 담수화 계획을 중단한 뒤, 방조제 갑문을 상시 개방해 바닷물로 오염된 오폐수를 희석해왔다. 그러다 정부는 2000년 말 시화호의 담수화 계획을 전면 백지화했다. 수질 개선 작업으로 시화호를 담수화한다는 것이 불가능하다고 판단해, 시화호의 담수화 계획을 완전히 포기하고 해수호로 남겨두기로 결정한 것이다.

하지만 문제는 여전히 남았다. 바닷물로 남겨두더라도 그냥 지나칠 수 없을 정도로 오염이 심각하기 때문이다. 해수 유통만으로는 더 이상 수질을 개선할 수 없는 한계에 도달한 것이다. 2000년 시화호의 COD 수치는 평균 6.8ppm으로 수질 기준 3등급(3ppm 이상)을 크게 초과했다. 특히 여름철의 경우 COD가 최고 12ppm에 달했다. 더욱이 시화·반월 공단 하류 지역의 중금속 오염도 매우 심각한 상태였다. 이런 상황에서는 시화호에서 생산된 해산물을 마음놓고 먹기가 어려웠다.

결국 해양부가 나서 시화호 수질 개선 사업에 또다시 총 7,341억 원의 예산을 투입하기로 했다. 우선 총 4,333억 원을 투입해 하수 처리장 등 환경 기초 시설을 대폭 확충하고 오수관의 누수 방지 사업을 실시해 주변 육상에서 시화호로 들어오는 오염 물질의 양을 93%까지 줄인다는 계획이다. 또 시화호 밑바닥에 있는 오염된 퇴적토의 준설 사업에도 약 623억 원이 투입된다. 그리고 바닷물이 더 많이 드나들도록 하기 위해 약 2,400억 원을 들여 방조제 북쪽에 조력발전소 겸 배수갑문을 설치하기로 했다.

이같이 많은 예산을 들이더라도 시화호의 수질이 개선될지는 아직 미지수다. 더욱이 앞으로 각 정부 부처나 지방 자치 단체에서 시화호 주변을 주먹구구식으로 개발한다면 오염은 더 심해질 가능성마저 있다. 결국 시화호는 자연을 생각하지 않고 개발을 진행할 경우 그 피해는 부메랑이 되어 사람에게 더 큰 것을 요구한다는 교훈을 두고두고 우리에게 보여주게 될 것이다.

_____ 강찬수 중앙일보 환경전문기자

망신과 불신

1990년 8월 31일 오전 서울 영등포 정수장 관리소장실. 서울시의 수질 전문가들과 한 환경 단체의 전문가들이 심각한 분위기 속에서 토론을 벌이고 있었다. 이들의 손에는 '서울시 정수장 수질 조사 결과'라는 여섯 쪽짜리 문건이 들려 있었다. 문건 5쪽에는 놀라운 수치가 실려 있었다. 팔당 정수장에서 정수를 마친 수돗물에 발암 물질인 트리할로메탄(THM)이 기준치의 다섯 배가 넘는 0.52mg/l 나 검출된 것으로 환경 단체 조사 결과 나타났다. 동시에 측정한 서울시의 측정치보다 100배 이상 높은 수치였다.

만일 환경 단체 측정치가 사실이라면 이는 엄청난 사회적 반향을 일으킬 문제였다. 1990년은 시민들의 환경 의식이 폭발적으로 고양되던 시기였다. 특히 식수의 안전성 문제는 폭탄의 뇌관이었다. 1989년 정수된 수돗물이 중금속으로 오염됐다는 보도가 잇달아 나오면서 전국적인 관심사로 떠올랐다. 1990년에는 감사원이 여덟 개 정수장의 수돗물 속에서 염소 소독의 부산물인 발암 물질 트리할로메탄이 외국 기준 이상으로 검출됐다고 발표해 파문이 일었다. 이른바 '수돗물 파동'은 1991년 페놀 오염 사태로 절정에 이른다.

1990년 7월 '발암 물질 수돗물'이 현안이 되자 수돗물을 관리하는 서울시에 비상이 걸렸다. 환경 전문가들이 참여하는 한 환경 단체가 서울시에 수돗물의 안전성을 공동으로 조사하자고 제안했다. 갈수록 커가는 수돗물 불신에 시달리던 서울시는 이 제안을 받아들여 8월 14일 팔당에서 노량진까지 수도권 시민에게 수돗물을 공급하는 아홉 개 정수장을 대상으로 중금속과 트리할로메탄, 그리고 대장균 조사를 실시했다. 환경 단체 쪽 전문가와 서울시 직원이 동시에 시료를 채취해 비교해보자는 것이었다. 서울시 쪽은 한 가지 조건을 내세웠다. 양쪽의 조사 결과를 가지고 협의를 하기 전에 일방적으로 결과를 공표하지 말자는 것이었다. 시민 단체를 믿을 수 없다는 간접적인 의사 표현이었지만, 환경 단체로서도 꿀릴 것은 없었다. 측정 자료를 감추고 드러난 결과도 인정하지 않는 쪽은 늘 행정 당국 아니던가. 영등포 정수장의 비공개 회의는 이렇게 해서 마련된 것이었다.

회의 분위기는 무거웠다. 양쪽의 측정치가 너무나 달랐던 것이다. 누군가 실수를 했을지 모른다. 아니면 데이터 조작이라도 있었던 것일까. 양쪽 전문가들의 눈초리가 날카로웠다. 서울시 쪽에서는 영등포 정수장 관리소장을 비롯해 서울시 수도연구소장과 측정 관계자 세 명이 참가했다. 환경 단체 쪽에선 화학 분석을 전공한 장 아무개 박사, 나중에 전국적으로 유명한 환경 운동가가 된 장 아무개 교수와 대학원생 정 아무개 씨 등이 참가했다. 초점은 양쪽 측정 결과가 아주 다르게 나온 트리할로메탄 농도였다. 먼저 장 교수가 "이 분야는 내가 석사와 박사 논문을 썼기 때문에 내 전문 분야"라며 입을 열었다. 그는 이어 "표준 방법 등 분석 기법의 통일이 이뤄져야 한다"는 등 몇 가지 지적을 하더니 "데이터에 이렇게 차이가 많이 난 것을 보면 양쪽에 실수가 있는 것 같으니 이번 조사 결과에 신뢰성을 둘 수 없을 것 같다"며 한 발 물러섰다.

트리할로메탄의 양쪽 측정 결과는 너무 달랐다. 함께 다니면서 샘플을 채취했고 똑같은 측정기와 측정 방법을 썼는데도 말이다.

팔당 정수장의 트리할로메탄 농도는 환경 단체 쪽이 0.52mg/l 인데 비해 서울시가 잰 값은 0.004mg/l 에 지나지 않았다. 무려 130배나 차이가 난 것이다. 다른 정수장에서도 비슷했다. 어느 한쪽에서 무언가 중대한 실수가 있었을 것이다. 그런데 환경 단체 쪽 측정치는 좀 이상했다. 정수 처리를 하기 전인 원수의 농도가 처리 뒤의 정수의 농도보다 하나같이 높은 것이다. 이런 일이 있을 수 있을까. 서울시 쪽은 아마 여기서 환경 단체 쪽 실수를 짐작한 듯했다. 게다가 그동안의 측정값에 비해 환경 단체 쪽 측정치가 턱없이 높다는 사실도 이상했다.

서로 어떤 방법으로 측정하고 값을 계산해냈는지 따져 들어갔다. 그런데 환경 단체 쪽 측정과 분석은 '전문가'를 자처한 장 교수가 아닌 한 대학원생이 전담한 것으로 드러났다. 분위기가 이상하게 돌아가기 시작했다. 게다가 그 학생은 "가스크로마토그라피를 이용한 트리할로메탄 측정은 처음 해봤다"고 털어놓는 게 아닌가. 논란은 뜻밖에 쉽게 끝났다. 측정 방법에 문제가 있었음이 명백하게 드러났기 때문이다.

트리할로메탄은 클로로포름 등 네 가지 화학 물질의 총량을 말한다. 따라서 각각의 물질별로 표준 용액의 검량선을 그리고 시료의 농도를 그 검량선에서 계산해내야 하는데, 각 물질별 검량선을 그리지 않고 트리할로메탄의 전체 검량선에서 측정치를 얻었던 것이다. 서울시 쪽 측정 담당자가 짧게 내뱉었다. "분석의 기본이 안 됐군." 옆에 있던 환경 단체 쪽 분석 전문가인 장 박사가 한숨을 내

쉬며 말했다. "장 교수 실험이 잘못됐습니다. 서울시 쪽에 별다른 오류가 없는 것 같습니다." 장 교수가 머쓱해져 말꼬리를 흐렸다. "제대로 감독을 못했던 것 같아요. 이렇게 실수할 가능성이 있기 때문에 발표 전에 사전 검토를 한 것 아닙니까." 수도연구소장의 목소리에 힘이 들어갔다. "서울시의 측정 수준을 인정해야 합니다. 환경 단체도 반성해야 합니다. 시가 괜찮다고 발표하면 국민은 안 믿고 언론도 한 줄 써주지 않으니……."

물론 환경 단체의 조사 연구가 이 에피소드처럼 모두 엉터리라는 얘기는 아니다. 그러나 남을 비판할 때 자신은 비판하려는 대상보다 더욱 철저해야 한다는 뼈아픈 교훈을 이 사례는 가르쳐주고 있다. 이 얘기는 입에서 입을 타고 환경 단체에 시달리던 공무원들 사이에 퍼져 나갔다. 그 역효과는 오늘에까지 이어지고 있는지도 모른다. 수돗물의 바이러스 검출을 둘러싼 논란에서 서울시가 왜 그처럼 신경질적이고 완강한 반응을 보이는지를 이해하는 데도 이 사례가 도움이 될 것이다. ____ 조홍섭 한겨레신문 환경전문기자

수돗물 논쟁

우리 나라 최대의 수질 오염 사고인 1991년의 낙동강 페놀 사고를 비롯해 1993년 수돗물 세균 오염 논쟁이나 1994년의 낙동강 오염 사고, 그리고 지난 1997년 이후의 수돗물 바이러스 논쟁 등 수돗물의 안전성에 대한 논란이 계속되고 있다. 수돗물 오염 사고

와 수돗물 오염 문제를 둘러싼 논쟁의 역사를 통해 수돗물 불신을 해소할 방법은 없는지 살펴본다.

1989 수돗물 중금속 오염 사건

수돗물 오염 사고가 처음으로 언론의 주목을 받은 것은 지난 1989년 수돗물에서 기준을 초과하는 중금속이 검출됐다는 발표가 나오면서부터다. 당시 건설부는 대통령의 특별 지시로 전국 상수도 수질을 검사해 발표했는데 열 개 정수장에서 철·카드뮴·페놀 등이 기준치를 초과했고 대장균·일반 세균·암모니아성 질소 등도 조사 대상 46곳 가운데 아홉 곳에서 기준치를 초과했다는 내용이었다. 이 발표는 정부 스스로가 수질 기준을 초과한 수돗물 검사 결과를 공개한 것으로는 사실상 처음이어서 언론에서도 이 문제를 대대적으로 다루었고 시민들이 받은 충격도 대단했다. 특히 정수장 관리와 수돗물 수질 조사를 실시한 건설부와 수돗물 수질 관리 업무를 맡고 있던 보사부는 조사 결과의 신빙성을 놓고 격론을 벌였으나 결론을 내지 못했다.

1990 수돗물 트리할로메탄 검출 파동

감사원은 1990년 6월 말 국회에 제출한 자료를 통해 전국 17개 정수장 가운데 여덟 개 정수장 수돗물에서 발암 물질인 트리할로메탄(THM) 함유량이 허용 기준치(0.1ppm)를 초과했다고 밝혔다. 이에 대해 보사부는 1989년과 1990년 6월 등 두 차례에 걸쳐 총

257군데를 조사했지만 허용 기준을 넘는 곳은 단 한 곳도 없었다고 즉각 반박했다. 사실 감사원의 경우 정수장의 물을 대상으로 했고 보사부는 일반 가정의 수도꼭지에서 나오는 물을 대상으로 했기 때문에 직접 비교 대상이 되지는 않았으나, 언론에 크게 보도되면서 정부 부처간의 논란으로 부각됐다. 한편 보사부는 감사원 조사 때 THM이 기준치를 초과한 것으로 나타났던 광주시 용연 정수장 등 여덟 개 정수장을 조사한 결과, 모두 기준치에 훨씬 미달한 것으로 확인됐다고 밝혔고, 감사원도 "감사원과 보사부의 검사 방법이나 조사 시기가 달라 차이가 날 수 있다"며 한 발 물러섰다.

1991 낙동강 페놀 오염 사고

1991년 3월 14일 오후 10시부터 다음날인 15일 오전 6시까지 여덟 시간 동안 경북 구미시 두산전자에서 페놀 원액 30t이 낙동강 지류인 옥계천에 누출되면서 시작됐다. 원료인 페놀을 공급하는 파이프 라인의 이음새가 파열된 것이 원인이었다. 오염된 낙동강 물은 16일 대구시 수돗물의 70%를 공급하는 다사 수원지에 유입됐고, 다시 수돗물로 만들어져 대구시에 공급됐다. 페놀에 오염된 수돗물을 마신 시민들은 구토·설사·복통으로 고통을 겪었으며, 수돗물로 만든 두부·김치·콩나물 등은 악취 때문에 폐기 처분하는 사태가 발생했다.

대구시나 정부는 페놀로 오염된 수돗물이 공급돼 시민들이 큰 불편을 겪고 있는데도 48시간 동안 안전하다는 말만 되풀이하면서 아무런 긴급 대응책도 내놓지 못했다. 특히 페놀이 염소 소독제와 결합하면 악취가 최고 1만 배나 증가하는 클로로페놀이 생성된다는 사실도 알지 못한 채 무턱대고 소독제만 쏟아 부었다. 두산전자는 한 달 간의 조업 정지를 당했으나 수출에 타격을 준다는 상공부의 요구에 따라 보름 만에 조업을 재개했다. 그러나 4월 22일 소량의 페놀을 또다시 유출, 열네 시간 동안 대구시가 수돗물 취수를 중단하는 상황이 발생했다. 오염 사고가 재발하자 국민의 분노는 극에 달했고, 25일에는 당시 환경처 장·차관이 동시에 해임됐다.

두산전자의 손실도 엄청났다. 두산전자는 상수도 요금 감면에 따른 피해와 내버린 수돗물 값, 수도관 등의 청소비 명목으로 대구시에 13억 5,190만 원을 배상했고, 시민 1만 1,000여 명에게도 11억 원을 직접 배상했다. 또 환경분쟁조정위원회를 거치면서 1,986명에게 3억 5,200만 원을, 끝내 민사 소송을 제기한 임산부 열여섯 명에게는 1억 2,000만 원의 배상금을 지급했다. 이와 함께 두산 그룹측은 1991~1994년 동안 매년 50억 원씩 모두 200억 원을 수질 개선 사업에 사용하도록 대구시에 기부했다.

페놀 오염 사고는 한 회사의 실수로 일어난 사고였지만, 이에 대응하는 정부와 자치 단체의 모습을 지켜보면서 정부나 자치 단체의 정책이나 행정 능력에 대한 국민의 불만은 엄청나게 터져 나왔다.

1993 수돗물 세균 오염 논쟁

1993년 6월 서울대 미생물학과 박성주(당시 서울시 수도기술연구소 수질연구부장, 현 대전대 교수) 씨의 박사 학위 논문이 언론에 보도되면서 서울시 수돗물의 안전성 논란이 벌어졌다. 논문은 1991년 9월부터 1992년 9월까지 잠실 수중보와 구의 정수장, 성동구 능동 및 성북구 미아동 등 서울시 상수도 계통 5개 지점에 대한 수질 검사에서 기준치 이상의 세균이 다량 검출됐다는 내용이었다. 특히 능동과 미아동 가정의 수돗물에서는 이질균(시겔라), 대장균 등 병원성 세균이 스물세 번 조사하면서 다섯 번이나 검출됐고 일반 세균은 1ml 당 최고 5,410마리, 평균 713마리가 검출돼 음용수 수질 기준인 100마리를 크게 초과한다는 것이었다.

이에 대해 서울시는 "매일 440개소의 상수도 관말 지점을 선정하여 대장균 등 세균 검사를 하고 있으나 허용치 이상의 세균은 검출되지 않았다"고 반박했다. 서울시는 또 공식적인 수질 검사 방식과는 다른 빈영양 배지와 저온 배양 방식으로 실시한 결과인 데다 공인 기관의 검증을 거치지 않은 것이라고 지적했다. 하지만 지난 1996년 한국건설기술연구원과 서울시 수도기술연구소, 서울대, 창원대 등이 16차례에 걸쳐 영등포 정수장 배수지, 가정 수도꼭지 등 11곳에 대해 수돗물을 조사한 결과 대장균과 기회성 병원균이 검출됐다. 구로구 온수동 가정집 수돗물 250ml에서 대장균군이 최고 44마리 검출됐고 일반 세균도 기준치의 세 배가 넘는 ml 당 310마리가 검출됐다.

결국 수돗물의 세균 오염 가능성을 부인하는 입장이던 환경부도 1996년 수돗물은 아니지만 먹는샘물 수질 기준에 기존의 일반세균과 대장균 외에 저온일반세균과 중온일반세균, 분원성연쇄상구균, 녹농균, 살모넬라 및 시겔라 등의 미생물 기준을 대폭 추가했다. 서울시도 1996년 분원성연쇄상구균, 녹농균, 살모넬라, 시겔라 등 미생물 항목을 감시에 포함시켰고 2000년에는 서울시도 '정수 처리 효율 평가'라는 명목으로 수돗물 수질 감시 항목에 저온일반세균 항목을 추가했다.

1994 낙동강 유기용제 오염 사고

1994년 1월 4일 경북 달성군 달성 취수장에서 처리 공급한 수돗물에서 악취가 나기 시작했다. 6일에는 마산의 수돗물에서, 8일에는 부산의 수돗물에서 유사한 악취가 발생해 큰 소동이 벌어졌다. 또, 6일 대구 달성 정수장에서는 암모니아성 질소 농도가 2.52ppm(WHO 음용수 기준 : 0.5ppm)이 검출됐다. 11일 경남 마산 등에 수돗물을 공급하는 칠서 정수장과 부산 지역에 수돗물을 공급하는 물금 정수장에서는 벤젠이, 대구 달성 정수장에서는 톨루엔이 검출됐다.

낙동강 중하류 전체 지역에서 이 같은 상황이 벌어진 것은 갈수기를 맞아 낙동강의 유량이 크게 감소해 외부에서 들어온 화학 물질에 대한 자정 능력이 크게 떨어진 것이 원인이었다. 문제는 정수장에서 악취를 제거하기 위해 염소를 과다 투입, 염소와 암모니아가 반응해 악취를 내는 트리클로로아민이 발생한 데다 염소와 벤젠이 결합해 역시 악취를 내는 염화벤젠이 생성됐기 때문이다. 당시에는 낙동강에 들어온 벤젠, 톨루엔과 같은 미량의 유기 화학 물질을 검사할 능력이 부족했고, 정수장은 이를 걸러낼 설비나 전문성이 부족해 사태를 악화시켰다.

한편 같은 해 6월 30일 오전 7시 대구 성서 공단 복개천에서 다량의 기름이 유출된 사실이 발견됐다. 여기서 디클로로메탄이 106ppm(WHO 음용수 기준 : 0.02ppm)이나 검출됐다. 이에 따라 이날 오후 6시부터 달성 정수장의 취수를 중단했고, 순차적으로 7월 3일까지 하류의 정수장이 일시 취수를 중단했다. 이 당시 사고는 대구시 달서구 갈산동에 위치한 폐수 위탁 업체인 대구환경관리(주)에서 유기용제류가 함유된 폐수를 무단 방류한 것이 원인으로 밝혀졌다. 이 회사 대표 등 세 명이 기소됐고, 회사는 도산했다.

1994년 6월의 오염 사고는 사고를 조기에 발견해 사전에 대응함으로써 피해를 크게 줄일 수 있었다는 점에서는 같은 해 1월 낙동강 오염 사고와 비교하면 정부나 자치 단체의 대응력이 진일보한 것으로 평가됐다.

1997~ 수돗물 바이러스 논쟁

서울대 김상종 교수는 1997년 10월 서울, 인천 지역 열한 곳의 수돗물을 분석한 결과, 장내 바이러스인 엔테로바이러스가 1,000*l* 당 2~10마리가 검출됐다고 생물과학협회 학술대회에 보고했다.

이 내용이 11월 3~4일 언론에 보도되면서 수돗물 안전성 논란이 다시 벌어졌다. 김 교수는 또 상수원인 금강과 낙동강 하구에서도 10ℓ 당 각각 10마리와 20마리가 검출됐고 북한강, 팔당호, 잠실 수 중보 등 수도권 지역 상수원에서도 1~5마리의 바이러스가 나왔다 고 밝혔다. 이에 대해 환경부는 즉각 해명 자료를 통해 "김 교수의 주장을 그대로 받아들인다 해도 이는 '10ℓ 의 수돗물에는 바이러스 가 없어야 한다' 는 프랑스의 권장 기준 이하의 수준"이라며 수돗물 의 안전성에는 문제가 없다고 밝혔다. 그러나 환경운동연합·환경 과공해연구회 등 15개 환경·시민 단체들은 '수돗물 바이러스 오 염 공동 대책 위원회' 를 결성하고 11월 20일 환경부·서울시 등에 오염 실태 공동 조사를 요구하고 나섰다.

서울시는 김 교수에게 구체적인 조사 방법, 조사 장소 등의 공 개를 촉구했으나, 김 교수는 이를 제시하지 않음으로써 공동 조사 는 이뤄지지 않았고 바이러스에 대한 논란은 계속됐다. 이런 가운 데 2000년 5월 김상종 교수는 "1999년 한 해 동안 매달 관악구· 잠실·논현동 일대의 수돗물을 채취·검사한 결과 각각 무균성 뇌 수막염과 급성 장염을 유발하는 엔테로바이러스와 아데노바이러 스의 존재가 확인됐다"며 또다시 문제를 제기했다. 김 교수 팀이 사용한 방법은 일반적인 바이러스 검출 방법에 유전자 염기서열 분석법을 응용해, 두 가지 바이러스를 동시 검출하는 방법으로 이 방법은 미생물 분야의 국제 학술지 《Canadian Journal of Microbiology》 2000년 5월호에 실렸다.

그러나 서울시는 김 교수가 미국 환경청(EPA)에서 규정한 세포 배양법이 아닌 유전자 분석법(농축한 수돗물을 동물 세포에 접종해 세포 내에서 바이러스 유전자를 검출하는 방식)을 사용했다고 반박하고 나섰다. 유전자 검출법에 의한 결과는 EPA에서 규정한 세포 배양법보다 10~100배 정도 높게 검출되고 바이러스의 생사 여부를 판단할 수 없다는 것이다. 서울시는 이 같은 반박으로 그치지 않고 2000년 5월 23일 김 교수를 허위 사실 유포 등의 혐의로 서울지검 남부지청에 고발했다. 서울시는 고발장에서 "김 교수가 1999년도에 매월 지속적으로 바이러스가 검출됐다고 언론에 발표했으나 실제로 매월 지속적으로 바이러스를 검사한 사실조차 없다"고 밝혔다.

그러나 서울시의 고발 조치가 학문 연구 발표의 자유를 억압하는 것으로 문제가 있다는 여론이 제기됐고, 결국 6월 8일 고건 서울시장은 김 교수를 비롯해 최열 환경운동연합 사무총장 등 환경 시민 단체 대표들과 면담을 갖고 김 교수에 대한 고발을 취하하기로 합의했다. 또 김 교수가 참여한 가운데 시민 단체와 공동 조사단을 구성해 바이러스의 존재 여부를 조사하기로 했다. 서울시측은 "고발 취하가 김 교수의 주장을 받아들이는 의미는 절대 아니고, 다만 법정 다툼이 옳지 않다는 판단에 따른 것이며, 1998, 1999년 환경부와 서울시 용역 검사에서는 수돗물에서 단 한 차례도 바이러스가 나오지 않았다"고 설명했다.

이처럼 4년 간을 끌던 논쟁은 환경부가 2001년 5월 전국 수돗물 일곱 곳에서 바이러스가 검출됐다고 발표함으로써 사실상 일단

락됐다. 환경부는 수돗물에서 바이러스가 나올 리가 없다던 입장을 바꾸고 서둘러 대책 마련에 나섰다.

수돗물 불신을 없애려면

시민이나 언론에서 수돗물을 불신하는 진정한 이유는 우리가 처해 있는 상황 때문이다. 우리 나라는 좁은 국토와 높은 인구 밀도로 인해 단위 면적당 오염 발생량이 가히 세계 최고 수준이다. 반면 국내 정수장 가운데 상당수가 바이러스 등 병원균을 제거하는 데 필요한 소독 능력을 제대로 갖추지 못한 것이 사실이다. 우리의 상수원 오염 상황과 정수 능력을 감안한다면 수돗물에 대한 시민들의 불신을 무조건 근거가 없는 것으로 몰아붙일 수는 없다. 지난 10여 년 동안 벌어진 수질 오염 사고나 수돗물 논란 과정에서 정부나 자치 단체 관련 공무원들에게서 느낀 실망까지 감안한다면 더욱 그렇다.

바닥까지 떨어진 수돗물에 대한 신뢰를 해소하기 위해서는 관련 공무원들과 전문가, 학자들이 열린 마음으로 언론이나 시민, 외부 학자들의 고언苦言에 귀를 기울여야 할 것이다. 그리고 이들이 제시하는 의견이나 문제를 선입견 없이 검토해 정책에 반영하려는 긍정적이고 적극적인 자세가 필요하다. 이제는 정부나 자치 단체가 무조건 안전하다고 주장한다고 해서 이를 곧이곧대로 받아들이는 시민도 없고 이를 옮길 언론도 없다. 정부나 자치 단체의 정책 수행 과정에서 저절로 배어 나오는 진실과 참된 노력만이 시민을

감동시킬 수 있을 뿐이다. ____ 강찬수 중앙일보 환경전문기자

새만금과 동강

새만금 사업으로 정부가 진퇴양난에 빠져 있던 2001년 봄 어느 날, 모 언론사 선배 기자가 이런 후일담을 들려주었다. "정부가 동강댐(영월댐) 백지화를 선언하면서 새만금 사업 강행 방침을 동시에 발표했다면 문제가 훨씬 쉽게 풀렸을 것이다. 즉, 동강댐은 천혜의 생태계를 보전하기 위해 댐 건설을 포기하지만, 새만금은 농지 확보를 위해 불가피한 국책 사업이라고 국민들의 이해를 구했다면 지금과 같은 혼란은 없었을 것이다." 그의 말은 일견 타당해 보였다. 농림부를 출입하던 그는 당시 공무원들에게 이 같은 아이디어를 제공했으나 기회를 놓쳤다고 말했다.

새만금을 둘러싼 논쟁이 증폭된 것이 발표 시점을 놓쳤기 때문이었을까? 여론 '물타기'라는 측면에서 보면 그럴 수도 있을 것이다. 농림부가 당시 이 기자의 충고를 받아들이지 않은 것을 뼈아프게 후회(?)했는지 모르겠지만 시화호 담수화 포기 발표 과정을 보면 '물타기' 시도가 있었다는 것은 확실하다.

정부가 시화호의 수질 개선이 불가능하다고 공식 입장을 정리한 것은 새만금 논쟁이 격렬했던 2000년 말이었다. 시화호는 이미 1997년 6월에 화학적산소요구량(COD)이 26ppm까지 치솟을 정도로 오염이 심각해 담수화 작업을 중단하고 방조제 갑문을 부분

적으로 개방한 상태였다. 당시에 이미 담수화를 포기했던 것이다. 그러나 정부에서는 이를 공식 발표할 경우 정책 실패를 자인하는 꼴이 되기 때문에 담수화만 중단한 채 세월을 기다려오다 2000년 말 건설교통부, 농림부, 해양수산부, 환경부 등 관계 부처 장관이 담수화 포기를 최종 확정했던 것이다.

더 이상 대안이 없다는 판단이 섰지만 문제는 발표 시기였다. 새만금도 제2의 시화호가 될 것이라는 환경 단체의 비난이 거센 상황에서 정부가 시화호의 실패를 자인한다면 새만금 반대 여론이 거셀 것은 불을 보듯 뻔했다. 그래서 정부는 새만금 사업이 확정된 이후에 시화호 문제를 발표할 계획이었다. 당시 관련 부처 어느 곳에서도 선뜻 발표할 엄두를 내지 못했으나 환경부가 총대(?)를 매고 2001년 2월 발표를 강행했다. 수질 관리를 총괄하는 환경부로서는 정부가 이미 손을 든 마당에 문제를 언제까지나 덮어둘 수도 없는 노릇이었다. 이 와중에 새만금 사업 추진이 확정될 경우 환경부가 모든 오해를 뒤집어써야 할 판이니 '자구책'(?)을 강구했던 것으로 추측된다.

어쨌든 환경 운동사적 측면에서 보면 동강은 살아났고, 새만금은 죽었다. 그러나 이 두 사례는 근본적으로 많은 차이가 있었다. 사업의 추진 배경과 반대 세력의 강도, 관련 부처의 복잡성과 정책 결정 시스템, 대통령의 역할, 공동 조사단의 운영, 언론의 보도 태도 등에서 상이했다.

첫째, 사업 추진 동기가 근본적으로 달랐다. 동강댐은 홍수 조절과 식수 및 농업용수를 확보하기 위한 댐 건설의 일환으로 추진되었지만, 새만금은 지역 개발을 앞세운 정치적 결정이었다. 새만금 구상이 구체적으로 떠오른 것은 5공 시절인 1986년이었다. 광주 민주화 항쟁 이후 호남 지역 '푸대접론'이 비등하자 전북 지역 민심을 달래는 차원에서 대규모 지역 개발 사업을 추진하기로 하면서 등장했다. 구체적으로 사업이 확정된 것은 제13대 대통령 선거를 앞둔 1987년이었다. 당시 노태우 후보는 그해 12월 전주 유세에서 "서해안 지도를 바꾸게 될 새만금 방조제 축조 사업을 임기 내에 완성해 전북 발전의 새 기원을 이룩하겠다"고 공약했다. 경제 기획원에서 경제적 타당성이 없다는 이유로 강력히 반대했고, 환경 영향 평가도 제대로 거치지 않은 상태였다(이 당시에는 대부분의 환경 영향 평가 자체가 요식 행위에 불과했다).

둘째, 관련 부처와 반대 세력의 강도 또한 현저하게 차이가 났다. 동강댐은 건설교통부와 환경 단체 간의 국지전 양상이었다면 새만금은 관련 정부 부처만도 농림부, 해양수산부, 환경부, 국무총리실 등으로 매우 복잡했고 의견도 제각각이었다. 새만금도 초기에는 환경 단체가 선봉에 섰으나 2000년 말부터는 종교 단체와 인권 단체, 노동계, 의료 단체, 변호사 단체 등 각계 각층이 연합 전선을 형성할 정도로 정부와 시민 사회 단체 간 전면전에 가까웠다.

관련 정부 기관의 저항을 보면 동강의 경우 상당히 온건적이었다. 건설교통부는 1997년 10월 댐 건설 예정지를 발표한 뒤 환경 단체의 반발에 직면하자 신중한 자세를 취했다. 1999년 3월에는 건설교통부 장관이 댐 건설을 신중하게 추진하겠다고 발언하는 등 강행 의지가 상당히 수그러들었다. 수자원공사의 저항도 그리 강한 편은 아니었다. 이에 비해 새만금 사업을 추진한 농림부와 농업기반공사는 한 발짝도 물러서지 않았다. 특히 농업기반공사는 막대한 예산이 투자된 새만금 사업이 무산될 경우 존립 기반마저 위협받게 될 상황이어서 조직력을 총동원하다시피 했다. 전북도지사는 지사직을 걸고 새만금 사업을 추진하겠다며 초강경 자세로 일관했고, 전북도의회는 환경 단체에 맞서 100만 인 서명 운동에 돌입했다. 이에 비해 동강의 경우 강원도지사와 강원도의회, 충북도의회가 댐 건설을 반대했다.

셋째, 사업 진척 정도는 동강과 새만금의 운명을 갈라놓는 결정타로 작용했다. 동강은 댐 건설이 착공도 되지 않은 기초 단계였으나 새만금은 1999년 5월에 이미 1조 원 이상이 투자돼 방조제 공사가 60%나 진척돼 있었다. 공사 중단시 막대한 기회 비용과 복구 비용 또한 엄청날 것으로 추산됐다.

넷째, 두 사업 모두 공동 조사단이 구성돼 타당성 조사에 착수했으나 결과는 상이했다. 동강댐 공동 조사단은 1999년 8월 발족된 이후 10개월 간의 활동 끝에 2000년 6월 건설 중단이라는 결론을 내렸고, 정부는 이를 받아들였다. 그러나 새만금민관공동조사단은 1년 4개월에 걸친 조사에도 불구하고 정부 추천 위원과 환경 단체 추천 위원들 간의 이견만 확인한 채 파행 운영을 거듭하다 결론도 내리지 못하고 원점에서 해산하고 말았다.

다섯째, 대통령의 역할을 보면 동강댐 사례에서는 대통령이 여론을 수렴해 적극적으로 나섰다. 김대중 대통령은 동강댐을 둘러싼 시비가 거세자 1999년 5월 댐 건설을 신중히 처리하라고 지시했고, 그해 8월에는 댐 건설을 하지 않겠다는 입장을 밝혔다. 집권당(민주당)에서도 정부의 공식 발표(2001년 6월)가 나오기 전인 2001년 3월 당론으로 백지화 방침을 천명해 당정 협조 체제를 구축했다. 반면 새만금에서는 대통령은 이렇다 할 입장을 표명하지 않았다. 환경 단체는 총리실이 부처간 의견을 조정하지 못하고 공사 강행으로 몰고 간다며 대통령이 결단을 내려줄 것을 수차례 촉구하기도 했다. 지속가능발전위원회가 2001년 3월 22일 새만금 사업에 대한 검토 의견을 발표하기에 앞서 대통령과 국무총리, 여덟 개 자문 기구 대표가 참석한 가운데 열린 간담회에서 대통령이 나서 이 문제를 해결해줄 것을 건의했으나 대통령은 총리의 의견을 물었다. 새만금순차개발방안이 확정된 뒤 청와대에서는 "총리가 책임을 지고 결론을 내린 것"이라고 설명했다. 후일 야기될지도 모를 책임론에 대통령은 무관하다는 점을 강조하는 것처럼 보였다.

여섯째, 언론의 태도는 두 사례에서 현격한 대조를 보였다. 동강댐 논란이 일자 국내 거의 모든 언론은 댐 건설로 인한 환경 파괴와 지반 붕괴 우려 등 문제점을 집중 보도했다. 현장 르포와 심층 취재, 기획 연재물 등이 연일 쏟아졌다. 이에 비하면 새만금을 대하는 언론의 태도는 제각각이었다. 일부 신문과 방송이 갯벌의 중요성과 간척 사업의 문제점을 거론하며 반대 입장을 분명히 했으나 상당수 신문은 환경 단체와 농림부의 주장 등을 객관적으로 보도하는 데 치중했다. 일부 신문은 적극적으로 찬성하는 입장을 보이기도 했다.

이런 차이로 인해 동강댐은 건설이 취소되었으나, 새만금은 순차 개발이라는 타협안으로 마무리됐다. 그러나 무엇보다도 동강과 새만금의 결정적인 차이는 동강댐은 사업을 취소해도 정치적으로 결정적인 부담이 없지만(오히려 개발 위주에서 환경을 중시하는 정책 전환을 천명하는 계기가 되기도 했다), 새만금은 사업을 중단할 경우 엄청난 정치적 타격을 입을 수 있다는 점이었다. 김대중 대통령도 야당 총재 시절 지역 개발 차원에서 당시 새만금 사업의 적극적인 추진을 정부에 요청했었고, 전북 지역 국회의원들의 단골 선거 공약이기도 했다. 2001년 4월 26일 실시된 군산 시장과 임실 군수 보궐 선거에서 민주당이 텃밭에서도 패배한 것은 새만금 사업 중단이 대한 호남 지역의 반발이었다는 분석이 나올 정도였다. 호남 지역이 정치적 지지 기반인 집권당과 정부로서는 사업 중단이 가져올 부작용을 계산하지 않을 수 없었을 것이다. 민관공동조사단조차 결론을 내리지 못할 정도로 사업 타당성 평가가 어려웠다는 측면도 있지만, 무엇보다도 사업 취소로 인한 정치적 부담과 정책 결정자들에 대한 책임 추궁이 불가피하다는 점이 새만금과 동강의 운명을 달리하게 한 결정적인 계기로 작용했던 것이다.

_____ 정정화 한국일보 기자

새만금 앞에 작아진 관료

정부가 새만금 간척 사업의 계속 시행을 결정하기 11개월 전인 2000년 6월 29일 서울대 호암관. 이곳에서는 말도 많고 탈도 많은 새만금 간척 사업의 타당성 여부를 검토하기 위한 새만금민관공동 조사단의 비공개 마지막 전체 회의가 열리고 있었다. 정부가 조사 단에 조사 연구는 물론 최종 결론까지 내릴 수 있는 막강한 권한을 부여한 만큼(비공개 회의였던 터라 나는 환경 단체 회원으로 신분을 위 장해 회의에 참석했다) 이 회의에서는 가부간 어떠한 결론이 나길 기 대했다. 그러나 관계 부처의 공무원과 학자, 환경 단체 대표 등이 참석한 가운데 열린 이날 회의는 시작부터 끝까지 관료들과 학자 들의 일방적인 주장과 눈치보기 경쟁으로 일관됐다. 참석자들 모 두 자신의 일방적인 주장만 펼치면서 누구 하나 최종 보고서를 어 떻게 작성할지에 대해서는 말을 삼가는 분위기였다. 오히려 부담 스러워 그 부분을 일부러 회피하는 분위기였다는 것이 맞는 표현 인 듯싶다.

회의가 오후 3시 30분을 넘도록 끝이 나지 않자 당시 한국환경 정책평가연구원(KEI) 원장이던 이상은 조사단장은 결국 공을 정부 쪽으로 넘기는 형태의 최종 보고서를 채택하고 총리실에 제출하기 로 하는 선에서 회의를 마무리했다. 공동 조사단은 훗날의 비난을 의식한 나머지 뚜렷한 결론을 내리는 것을 포기한 채 정부의 정치 적 판단에 따른 결정을 주문했다. 새만금 사업이 우리 나라 최대의 역사인 데다 정치적·지역적·환경적으로 워낙 입장차가 심했던 사업이라 어느 누구 하나 책임을 지기 싫었던 것이다.

이때부터 속칭 친새파(총리실, 농림부, 농업기반공사, 전북도 등 새만금 사업 찬성파)와 반새파(환경 단체, 환경부, 해양수산부 등 새만금 사업 반대파)의 지루한 공방은 더욱 가열됐다. 농업기반공사를 주축으로 한 친새파는 국토 확장 효과 등 경제적 효과를 들며 새만금 사업의 계속 시행을, 환경 단체를 중심으로 한 반새파는 환경 파괴 등을 이유로 새만금 사업의 즉각 중단을 각각 요구하고 나섰다. 그 와중에서 반새파는 천주교와 불교, 원불교, 대학 교수 등 광범위한 사회적 지지를 이끌어내기도 했다. 그러나 정작 새만금 사업과 직접적으로 관련 있는 환경부(새만금호 수질 담당)와 해양수산부(갯벌 보전 담당) 등 정부 부처들은 제 목소리를 내지 못했다.

물론 친새파인 농림부는 언제나 한결같이 찬성을 드러내놓고 외쳤다. 농림부의 한 국장은 사석에서 반새파인 환경부와 환경부 기자실을 '환경 단체의 주구'라고 표현했을 정도다. 환경부와 해양부 공무원들은 새만금과 관련된 사안이 터져 나올 때마다 사적으로는 "새만금 사업이 중단돼야 한다"는 논리를 폈지만 막상 신문이나 방송을 통해서는 이러한 소신을 피력하지 못했다. 어쩌면 신문·방송과의 인터뷰를 아예 삼갔다는 표현이 맞을 것이다. 이에 대해 환경부의 한 고위 공무원은 "새만금 사업이 대규모 환경 파괴를 초래하는 만큼 사업이 즉각 중단돼야 한다"면서도 "그러나 총리실이 각 부처의 입장을 조율해 최종 결론을 내리기 전에 한 부처가 이렇다 저렇다 하는 것은 부처이기주의로밖에 비치지 않는다"는 논리를 폈다. 해양부 공무원들은 아예 새만금 사업에 대해 입을 다물었다. 오로지 당시 노무현 장관만이 새만금 사업은 반드시 중단해야 한다는 소신을 피력했을 뿐이다.

우여곡절 끝에 새만금 사업의 분리 개발안(동진강 선개발, 만경강 후개발)이 2001년 5월 25일 정부 방침으로 최종 확정되자, 환경부와 해양부 공무원들은 비록 사업이 중단되지는 않았지만 분리 개발안에는 자신들의 주장이 많이 반영됐다고 목소리를 높였다. 그러나 '모든 대책을 동원해도 농업용수 기준 달성 불가'라는 환경부의 수질 예측 결과 보고서가 새만금 사업의 속개를 상당 기간 늦추고, 보완책을 세우는 계기를 마련하긴 했다. 하지만 그렇다고 해서 환경부가 제 역할을 다했다고 평가하기에는 무리가 있다. 왜냐하면 향후 새만금호가 심각한 부영양화로 인해 제2의 시화호가 될 경우, '그때 우리는 그러한 수질 예측 결과를 제출했다'는 환경부의 말만으로 모든 문제가 해결될 수는 없기 때문이다.

우리 나라 환경 정책은 물론 모든 정책이 제대로 추진되기 위해서는 어떤 사안에 대해 적당히 타협하지 않는 소신 있는 공무원들이 많이 육성돼야 한다. ＿＿＿심인성 연합뉴스 기자

친만금파, 반만금파

새만금 간척 사업의 계속 여부를 놓고 막판 진통이 거듭되던 2001년 2월 말. 전북 전주시에 사는 독자로부터 한 통의 편지를 받

왔다. 한자와 구어체로 날려 쓴 어투로 보아 꼬장꼬장한 노인임을 금방 알아챌 수 있었다. '국가와 향토를 사랑하는 村翁(89) 金○○'라고 신분을 밝힌 봉함 우편 엽서의 내용은 이랬다.

"2월 21일자 귀하의 기사를 읽고 매우 실망했소이다. 세상사를 논함에 있어서 기자이면 다입니까? 새만금 사업 추진 확정을 앞두고 국책 사업 추진에 무엇이 불만입니까? 귀하는 경상도 출신이 틀림없구료. 아니면 전라북도에 미운 털이라도 박혀 있어서인가요? 해양수산부장관은 경상도 출신이 분명하고 환경부, 농림부 장관은 未詳이지만 반대할 것이 뻔한데, 새만금이 경상도 지역이라면 기를 쓰고 추진할 것입니다. 지역 감정은 망국을 자초하는 병폐예요!"(농림부장관이 새만금에 반대할 것이라는 것은 착각을 하신 듯하다.)

경상도 사람들이 전북 지역이 발전하는 것에 배가 아파 새만금 사업에 반대하고 있다는 것이었다. 얼마나 골이 깊은 지역 감정인가. 새만금 사업은 1999년 5월 공사가 중단된 이후 2년 만에 정부가 동진강 유역만 우선적으로 간척 사업을 실시하기로 최종 방침을 결정한 뒤에도 논란이 수그러들지 않았다. 각계 각층이 첨예하게 대립해온 앙금이 채 가시지 않았던 것이다. 사업 타당성에 대한 객관적인 분석과 진지한 토론 없이 적당히 타협하는 선에서 봉합되었기 때문이었다.

새만금을 둘러싼 찬반 논쟁으로 국론이 극도로 분열된 것은 아이로니컬하게도 각계 전문가와 정부 관계자가 참여해 1년 4개월에 걸친 민관공동조사단의 최종 보고서가 나온 뒤 더 심해졌다. 민관공동조사단에 참여했던 위원들조차 팽팽한 이견을 한 걸음도 좁히지 못한 채 폭로와 상호 비방으로 파행 운영만 거듭하다 결론도 내리지 못하고 정부에 다시 공을 떠넘겼다. 이후 시민 단체와 종교계, 인권 단체, 노동계와 변호사, 의사, 교수 등 전문가 집단들이 가세하면서 온통 벌집을 쑤셔놓은 듯 들끓었다. 일본, 미국 등 외국의 환경 단체들도 새만금 현장을 둘러보고 정부에 압력을 가하기 시작하면서 이 사업이 국제적인 관심사로 떠오를 정도였다.

가장 첨예한 대립은 환경·시민 단체 대 사업 시행처인 농업기반공사와 전북도 등 지역 사회와의 마찰이었다. 환경운동연합과 녹색연합이 선봉에 섰던 '반새만금 진영'은 2000년 하반기에 접어들면서 종교계 및 인권 단체 등과 연대 전선이 구축되면서 세를 더해갔다. 전국의 200여 환경·시민 단체들이 그해 10월 16일부터 서울 조계사에서 '새만금 갯벌 살리기 33일 밤샘 농성'에 들어가면서 '친새만금 진영'과 전면전을 선포했다. 전교조 소속 교사들은 새만금 갯벌 살리기를 주제로 수업을 벌이기도 해 교실 안까지 논쟁이 이어졌다. 이에 맞서 '친새만금 진영'도 전방위 홍보전에 나섰다. 농업기반공사는 6,000여 만 원을 들여 사업 타당성을 홍보하는 기관지를 대량 살포했고, 전북도교육청도 홍보 책자를 관내 초등 학교에 배포하기 시작했다. 전북도의회가 '100만 인 서명 운동'으로 환경 단체에 맞선 것도 이때였다.

정부 부처 내에서도 의견이 엇갈렸다. 농림부는 식량 자급 자족을 위해 새만금 사업을 강행해야 한다며 한 발짝도 물러서지 않았다. 공정이 60%나 진행돼 더 이상 중단할 수도 없고, 여기서 멈추면 또 다른 환경 재앙과 엄청난 국고 손실이 불가피하다는 논리로 시종 일관했다. 새만금에 가장 반대한 것은 갯벌 보전 주무 부처인 해양수산부였다. 해양수산부는 환경 파괴 논란이 일던 초기에는 미온적인 입장을 보였으나 2000년 말부터 강경 노선으로 돌아서기 시작했다. 해양 생태계를 파괴할 것이 뻔한 간척 사업에 주무 부처가 미온적인 자세를 취한다는 것은 조직의 존립 근거마저 위태롭게 할 것이라는 지적이 강하게 작용하면서 2001년 3월 총리실에 사업 유보를 정식으로 건의했다. 이에 비하면 환경부의 태도는 어정쩡했다. 간척 사업이 환경 파괴적이고 수질 오염이 불가피하다는 것은 내부적으로 이미 정리된 상태였지만, 대외적으로 강한 목소리를 낼 만큼 위상이 단단하지 못한 것이 가장 큰 약점이었다. 이 때문에 사업 계속 여부에 대해서는 한 마디도 언급하지 않았다. 그러나 2001년 3월 국회 환경노동위원회의 압박에 못 이겨 수질 예측 자료를 뒤늦게 공식 발표하면서(이전에도 새만금이 제2의 시화호가 될 것이라는 지적은 수없이 많았다) 목표 수질(농업용수 4급수) 달성이 어렵다고 선언해 '반새만금 진영'으로 기울었다.

의료 사태 때처럼 국회 의원들은 이해 집단간의 갈등을 조정하기에는 역량이 미약했다. 여야를 막론하고 농수산위원회 소속 의원들은 새만금을 지지하는 입장인 반면, 환경노동위원회는 수질 오염을 포함한 환경 훼손 문제를 집중 제기하는 등 의견이 상충했다. 심지어 농수산위 의원들은 2001년 초 상임위에 출석했던 유종근 전북도지사에게 "새만금에 농지 대신 복합 산업 단지를 조성한다는 계획을 공개적으로 밝힐 경우 사업 추진 자체가 어려워질 수 있으니 환경노동위나 다른 곳에서는 그런 발언을 하지 말라"고 충고까지 할 정도였다(유 지사는 환경노동위에 출석해 이 말을 그대로 발설했다). 정부 부처와 국회의 관련 상임위, 그리고 이해 집단 간의 '철의 삼각 관계'가 형성된 셈이었다. 예산결산특별위원회 소속 여야 의원들은 2000년 12월 17일 새만금 사업의 예산 배정과 사업 시행을 보류할 것을 촉구하는 건의문을 채택했으나, 2001년도 예산안 확정시 전년도 수준으로 통과되어 실제로는 영향을 미치지 못했다. 국회 의원들은 대개 정치적인 이해 득실에 따라 발언의 수위를 조절하기 때문에 여론이 분열된 상황에서는 선뜻 나서려 하지 않는 성향이 강하다. 새만금 사업의 경우 환경 친화적인 의원이라는 홍보 효과를 거둘 수 있거나 환경 단체나 관련 집단의 지지가 필요할 경우 목소리를 높이지만, 그렇지 못할 경우 침묵하는 것이 유리하다는 판단이 크게 작용하였다.

학자들도 저마다 전공 영역에 따라 해석이 구구했다. 신문에 게재된 새만금 관련 기고문을 보면 농업 관련 학과의 교수들은 식량 증산과 농지의 수질 정화 기능 등을 이유로 대부분 찬성 입장이었다. 이에 비해 환경 문제를 전공한 교수들은 거의 반대하고 있었다(민관공동조사단에 참여했던 모 교수와 연세대 모 교수 등 몇몇 환경 관련 학과 교수는 새만금 사업 중단시의 문제점을 집중 거론하기도 했다). 재미있는 것은 새만금 찬성론자들이, 그것도 대학 교수라는 분이 신문에 기고한 내용을 뜯어보면, 농업기반공사가 평소 홍보 자료로 배포해온 사업 계속의 논거가 순서도 틀리지 않은 채 게재돼 본인이 직접 작성했는지 의심이 가는 경우도 있었다는 것이다. 확인하지는 못했지만 상당한 로비가 있었음을 미루어 짐작할 수 있다.

여론에 편승하기는 언론도 마찬가지였다. 시화호 사태로 새만금의 수질 문제가 사회적인 이슈로 제기돼 민관공동조사단이 활동에 들어간 뒤에도 대부분 언론은 이 문제를 크게 다루지 않았다. H 일보와 H 신문 등은 새만금의 문제점을 집중 보도하며 반대 입장을 분명히 했으나, S 일보는 '친새만금 진영'에 적극 가담했다. 민관공동조사단조차 결론을 내리지 못하고 정부에서도 갈피를 잡지 못해 2001년 3월 지속가능발전위원회까지 나서자, 그제서야 거의 모든 신문들이 사설을 통해 새만금의 신중한 접근을 촉구하고 나섰다.

이에 비해 방송은 상당히 환경 친화적인 보도로 새만금 사업의 문제점을 부각시켰다. 특히, 특집 프로그램과 현지 르포를 통해 갯벌의 중요성을 부각시키는 데 크게 기여했다는 평가를 받았다. 그러나 방송의 이 같은 보도 태도는 신문에 비해 갯벌과 생태계의 모습을 좀더 생생하게 전달할 수 있는 매체의 이점이 작용한 측면도 없지 않다. 즉, 신문과 방송이 특정 이슈에 대해 상반된 입장을 보였다기보다는 매체의 특성으로 인한 차이라고 보아야 할 것이다.

그러나 정부가 2001년 5월 동진강 유역을 우선 개발한 뒤 만경강 유역은 수질 오염 추세를 보아 추가 개발하기로 하는 방안을 확

정한 뒤에는 침묵으로 돌아갔다. 순차 개발 방안이 찬반 양측의 입
장을 적당히 반영해 정치적인 부담을 최소화하려는 임기 응변이
분명한데도 '반새만금 진영'으로 분류됐던 신문들조차 '확전擴戰'
을 꺼렸다. 환경 단체를 제외하고는 비등하던 여론도 금새 잠잠해
졌다. 한국 언론의 한계이자 환경에 대한 우리 사회의 인식의 현주
소이기도 했다.

　새만금 사업의 진행 과정을 취재한 기자들의 태도에서도 재미
있는 현상을 발견할 수 있다. 출입처에 따라 기자들의 시각이 다르
게 나타나는 것은 자신도 모르게 기관이나 출입처의 논리를 슬그
머니 수용하는 경향을 말해준다. 같은 소속사 안에서도 농림부와
환경부 출입 기자들 간에 의견이 달라 논쟁을 벌인 언론사도 있었
다. 환경부에 출입하는 기자들간에도 '친만금파'와 '반만금파'가
있었다. 다루는 기사의 성격상 '반만금파'가 주류를 이루긴 했지만
소속사의 편집 방향과 기자의 주관적인 편견이 가미돼 때로 설전
이 오가기도 했다. 종합지와 경제지 기자 간에도 시각차가 컸다.

　이처럼 새만금을 둘러싼 격렬한 대립도 정부의 결정이 내려진
뒤 수그러들었다. 진지한 토론 문화의 부재, 정부의 임기 응변식
결정, 환경에 대한 인식과 행동 간의 괴리 등 많은 부작용을 낳았
지만 우리 사회에 미친 영향은 적지 않았다. 특히 20세기 말에 불
거진 영월댐(동강댐) 건설 백지화와 시화호 오염 사건 등에 이어 새
만금은 우리 사회에 환경의 중요성을 인식시킨 중요한 계기가 되
었다. ＿＿＿＿ 정정화 한국일보 기자

대기 오염과 집 값

서울 올림픽이 열리기 몇 달 전인 1988년 5월 어느 날, 당시 환경청 기자실에서 김형철 전 환경부차관(당시 환경정책국장)이 기자들에게 자료를 설명하고 있었다. 보도 자료의 제목은 '국민과 함께하는 환경 행정'이었다. 지금 보면 너무나 당연한 얘기일지 모르지만 당시로서는 놀라운 발상이었다. 쉽게 말해 국민에게 환경 문제의 실상을 공개하고 국민의 참여를 토대로 문제를 해결해 나가겠다는 것이었다.

한 대학 교수가 일본에 수출하는 활어가 중금속에 오염됐다고 발표한 것이 1970년대의 일이었고, 공해 문제의 심각성을 주제로 한 연우무대의 연극 〈나의 살던 고향은〉이 '아, 대한민국'이란 노래를 '아, 공해민국'으로 가사를 바꿔 불렀다는 이유로 6개월 간 공연 정지를 당한 것이 불과 4년 전인 1984년의 일이었다. 정부와 시민이 너나없이 환경 문제를 같이 걱정하는 듯이 보이게 된 것은 1990년대 이후의 일이라고 보면 된다. 사실 김 국장이 기자 간담회를 하던 그 순간에도 "공해 문제가 심각하다는 내용은 올림픽 개최를 방해하려는 북한의 책동에 빌미를 주는 것이므로 보도할 수 없다"는 '보도 지침'이 언론사마다 전달되고 있었다.

1980년대에 서울과 부산 등 대도시의 대기 오염이 심하다는 것은 수치가 필요 없이 누구나 피부로 느낄 수 있었다. 김포공항에 내리는 비행기는 이불솜처럼 두껍게 도시를 덮고 있는 매연층을 뚫고 착륙해야 했고, 공기 좋은 선진국에서 살다 온 사람은 공항에

도착하자마자 대번에 목이 따갑고 매캐한 증상을 느끼기 십상이었다. 공해 공장이 밀집한 구로공단이나 양평동, 문래동, 또 주택가와 교통량이 많은 길음동, 신설동 등의 오염도는 상상을 초월할 정도였다. 그런데도 정부는 일 년에 한 번 국회에 내는 업무 보고 자료를 통해 서울의 아황산가스 오염도는 연평균 몇 ppm이라는 발표만 하면 끝이었다. 김 국장도 '오염도를 공개하겠다'고 해 기자들을 잠시 감동시켰지만, 곧 이어 "동별 자료는 공표하지 못한다"고 버텼다. 그 이유는 "해당 지역 주민들로부터 집 값이 떨어진다는 민원이 심해서"라고 했다.

주민들로부터 실제로 그런 민원이 있었는지는 알지 못한다. 하지만 적어도 해당 지역이 오염도 수치 이전에 체감 공해가 심각하다는 것은 누구도 부인하지 못할 상황이었다. 따라서 당국은 주민 민원을 핑계로 정보의 공개를 '국가 안보' 차원에서 억제했다는 혐의가 짙다. 사실 공해 문제 때문에 집 값이 떨어진 것은 1990년대 들어 시민들의 환경 의식이 높아진 이후의 현상이다. 실제로 다이옥신 공포가 확산되자 서울의 한 대규모 아파트 단지에서는 소각장 근처의 집 값이 인근 단지에 비해 무려 2,000만 원이나 떨어진 것을 확인한 적이 있다.

그렇다면 동별 오염도 공개를 극구 꺼린 진짜 이유가 어디에 있었는지 알아보자. 1978년 세계보건기구가 발표한 세계 각국의 아황산가스 연평균 농도를 보면, 뭄바이(예전의 봄베이) 0.034ppm, 런던 0.028ppm, 도쿄 0.016ppm, 로스앤젤레스가 0.009ppm이었고, 서울은 소수점 위치가 다른 0.18ppm이었다. 적어도 열 배이상 오염이 심했다는 얘기다. 그러나 이것은 평균치일 뿐이다. 오염이 심한 곳과 덜한 곳, 여름 장마철과 겨울 난방철의 오염도를 평균한 값이어서 진짜 심각한 오염 상태는 숨기고 있다.

서울대 환경대학원 김정욱 교수가 입수한 1975년부터 1981년까지의 대기 오염도 자료를 보면 그 실상을 알 수 있다. 공장이 몰려 있는 서울 양평동의 연평균 아황산가스 농도는 1979년 연평균이 0.151ppm이었다. 그런데 24시간 평균값 최대는 0.636ppm이었고, 한 시간 평균값의 최대는 무려 1ppm에 이르렀다. 이를 최근의 자료와 비교해보자. 지난 1999년 서울의 연평균 아황산가스 농도는 0.007ppm이었다. 1년 중 오염도가 비교적 심한 2000년 12월에 측정한 아황산가스 월평균 농도는 가장 낮은 제주시가 0.003ppm, 가장 높은 군포시가 0.026ppm이었다. 한 시간 평균값의 전국 최고치는 군산시로서 0.150ppm이었다. 2001년부터는 시간당 0.150ppm이 새로운 환경 기준이 된다.

여기서 1ppm이란 수치에 주목해야 한다. 김 교수의 자료를 보면 시간 최대값이 1ppm으로 나타난 곳은 양평동(75년, 79년), 광화문(81년), 길음동(80년) 등 이 기간 동안 세 곳이다. 놀라운 사실은 당시 측정 장치의 최대 눈금이 1ppm이었다는 사실이다. 더 이상 가리킬 눈금이 없을 만큼 오염도가 높았다는 얘기다. 그러니 실제 오염도는 1ppm을 훨씬 넘었을 가능성이 높다.

지난 20년 만에 아황산가스 오염도는 약 20분의 1로 줄어들었다. 뒤집어 말해 당시의 오염 상태는 이루 말할 수 없이 심각했다는 얘기다. 북한은 국제 회의에서 남한을 비방하는 단골 메뉴로서 심각한 대기 오염을 들었다. 정부가 오염도 공개를 회피한 이유는 어쩌면 자명하다. 안보 논리가 모든 것을 좌우하던 시절 아닌가. 게다가 환경 오염에 대한 시민들의 정부 불신은 극에 달한 상태였기 때문에 설사 정부가 자료를 공개했다 하더라도 그것을 곧이곧대로 믿는 사람은 별로 없었을 터이고, 따라서 집 값에 영향을 미치는 일도 없었을 것이다. ___ 조홍섭 한겨레신문 환경전문기자

엄마, 오염이 무서워요

유독 물질과 오염된 식수, 공기를 비롯한 각종 환경 오염으로 전세계에서 해마다 1,100만 명의 어린이가 목숨을 잃고 있다. 이 같은 피해는 기본적으로 어린이가 성인에 비해 환경 오염에 약할 수밖에 없기 때문이다.

어린이는 성인에 비해 단위 체중당 더 많은 물과 공기를 들이마신다. 세 살 이하의 어린이는 단위 체중당 성인보다 두 배나 많은 공기를 마신다. 이 때문에 물이나 공기가 오염되면 상대적으로 더 많은 물질을 흡수할 수밖에 없는 어린이가 먼저 피해를 입게 되는 것이다. 또 어린이는 기관지가 좁고 점막이 약해 오염 물질에 기관지가 노출되면 기관지가 붓거나 수축돼 호흡 곤란을 일으키기가 쉽다. 더욱이 어린이가 호흡기 질환에 걸렸을 경우, 성장과 발달

단계에 있는 호흡기에 그 흔적을 남기게 되고, 결국 그 피해는 평생에 걸쳐 고통으로 남게 된다.

이와 함께 소화 기관의 흡수력은 높은 반면 해독, 배출 작용을 맡고 있는 신장이나 간, 그리고 면역 기능의 발달은 완전하지가 않아 오염 물질이 체내에 오래 머무르면서 해악을 끼친다. 어린이의 생활 습관도 영향을 미친다. 어린이는 놀이를 위해 어른에 비해 집 밖에서 지내는 시간이 많고 오염된 토양이나 물, 공기를 피할 줄 모른다. 특히 어린이는 기어다니고 걷기 시작하면서 위험성을 알지 못해 흙먼지가 묻은 손을 그대로 입에 넣기도 하고 오염된 놀이 기구 등을 입에 넣고 빨기도 한다.

납에 오염된 물을 같이 마시더라도 어린이 혈액 속의 납 농도는 성인보다 3~4배 높다. 단위 체중당 물을 더 많이 마시기 때문이다. 신경계에 영향을 미치는 납에 중독되면 두뇌 손상, 소화 장애, 빈혈 등이 유발되며 심할 경우 혼수 상태를 거쳐 죽음에 이르게 된다. 특히 뇌와 신경계의 발달 단계에 있는 어린이는 납중독에 걸릴 위험이 높다.

한편 질산염(NO_3) 오염이 심한 물을 첫돌 미만의 아기가 먹었을 때 청색증(blue baby syndrome, methaemoglobinaemia)이 유발되는 것은 수질 오염에 어린이가 얼마나 취약한지를 보여준다. 아기의 피부색이 시퍼렇게 변하는 청색증이 발생하는 것은 아기의 위액이 성인에 비해 산도가 떨어져 세균들이 성장하기가 쉽기 때문이다. 위장 속에서 살아가는 세균 가운데 일부는 물 속에 들어 있는 질산염을 아질산염(NO_2)으로 환원시키고, 이것이 산소(O_2) 대신에 적혈구의 헤모글로빈과 결합하여 산소 부족 현상을 유발하는 것이다.

1952년 4,000여 명이 숨진 런던 스모그 대참사 당시 어린이들, 특히 한 살 미만의 어린이 사망률은 성인의 두 배에 달했다. 이는 대기 오염이 어린이에게 미치는 영향을 입증하는 확실한 증거다. 환경 문제를 해결하기 위한 노력의 최종적인 목표는 어린이들이 겪는 환경 문제에 맞춰져야 한다. 공기나 토양 속의 유해 물질에 대해 어린이들이 성인에 비해 훨씬 취약해서 환경 오염에 희생되는 경우가 너무도 흔하기 때문이다. 더욱이 상대적으로 취약한 어린이의 환경 문제가 해결되면 성인들이 겪는 '보통의' 환경 문제는 저절로 해결될 것이기 때문이다.

뿐만 아니라 환경 문제에 관심을 갖는 근본적인 이유가 물, 공기, 토양 오염과 같은 당장 나타나는 것보다는 미래에 일어날 수 있는 극심한 환경 문제를 미리 예방하는 것이라고 한다면 환경 문제는 결국 성인들의 문제가 아니라 바로 어린이들의 문제이다. 어린이와 어머니 뱃속의 태아는 우리 어른들이 남기는 지구를 물려받게 된다. 그들의 미래는 우리 어른들의 행동 하나하나에 커다랗게 영향을 받는다. 우리가 환경 파괴를 예방하기 위해 노력하는 것은 우리 자신의 건강을 위해서이기도 하지만 미래 세대에게 맑고 깨끗한 환경을 물려주기 위한 목적도 크다. 환경 문제를 해결하기 위해 노력하는 중요한 이유가 미래 세대를 건강하고 안전하게 지키자는 데 있다면 당연히 어린이들이 겪고 있는, 혹은 겪게 될 특수한 환경 문제에 집중적인 관심을 기울이고 이를 최우선적으로 해결해야 하는 것이다.

오염된 환경에서 어린이를 지켜내야 한다는 주장에 대해 반대할 사람은 아무도 없을 것이다. 너무나도 당연한 명제이지만 그러나 제대로 이루어지지 못하고 있는 것이 현실이다. 스스로 권리를 요구하지 못하는 어린이들의 환경권을 지켜주는 것은 바로 어른들의 몫이다. 그러나 어른들의 근시안적인 이기심은 유해 화학 물질을 합성해내고 이를 지구 환경에 마구 흩뿌리고 있다. 어른들이 파괴한 환경은 그 자신뿐만 아니라 어린이를 포함한 미래 세대까지 위협하고 있다.

이런 모순을 해결하려면 하루하루 마시는 물과 공기에 대해서만 관심을 가져서는 안 된다. 이제 환경 문제를 해결하기 위해서는 시야를 넓힐 필요가 있다. 첫째, 공간적으로 시야를 넓혀야 한다. 우리 가정이라는 작은 울타리에서 벗어나 지역 사회나 국가적인 환경 문제에 대해서도 관심을 가져야 한다. 나아가서는 지구 환경 문제에 대해서도 관심을 가져야 한다. 둘째, 인간적으로도 관심의 폭을 넓혀야 한다. 가족뿐만 아니라 어려운 이웃, 개도국의 어려운 이웃이 겪는 어려움과 환경 오염에 대해서도 자신이 겪는 문제에 못지않게 관심을 가져야 한다. 셋째, 시간적으로도 안목을 길러야 한다. 우리가 살아가는 지금 당장, 또는 몇 년 몇 십 년 동안만을 생각해서는 안 된다. 46억 년의 지구 역사 가운데 인간이 살아온 것은 기껏해야 수십만 년도 채 안 되는 극히 일부분에 지나지 않는다는 점을 생각하면 지구 위에서 겸손하게 살아가야 한다.

이러한 세 가지 측면을 생각한다면 환경 문제를 해결하기 위한 우리의 관심은 우리 자신의 아이뿐만 아니라 이웃의 어린이, 먼 나라의 어린이까지 확대돼야 한다. 또 우리 아이의 아이, 그 아이의 아이에까지 관심을 기울이고 보호해 나가야 한다. 환경을 파괴할 수도 있는 오늘, 우리의 행동 하나하나를 미래 세대에게 물어보는 자세를 가져야 한다. 마지막으로 어른들만이 환경을 보호할 수 있다는 자만심도 버려야 한다. 당장은 큰 역할을 할 수 없지만, 어린이들에게 정보를 제공하고 어린이들의 능력을 개발하고 어린이들의 용기를 북돋운다면 그들 스스로가 자신의 환경을 지켜 나가는 데 큰 몫을 할 수 있기 때문이다. ___ 강찬수 중앙일보 환경전문기자

IV
환경 기자의 하루

10 ___ 기자실 엿보기

환경 단체와 한통속

"환경부 기자들은 환경 단체와 한통속."

"환경 단체의 주구走狗."

우리 나라 최대 규모의 역사役事 중 하나인 새만금 간척 사업에 관해 사회 여론이 찬반 양론으로 팽팽히 엇갈렸을 때, 사업 시행 부처인 농림부와 농업기반공사에서 환경부 출입 기자들을 빚대 부른 말이다. 즉 환경부 기자들이 과학적 검증 절차 없이 무조건 개발 반대만을 외치는 환경 단체들에 휘둘려 사실을 왜곡 보도하고 있다는 주장이다.

　사실 환경부 기자들은 새만금 간척 사업에 관해 보도하면서 환경 단체의 주장을 많이 수용했고, 수용할 수밖에 없었던 것이 사실이다. 더욱이 당시 사회 여론이 '환경 보전'을 중시하는 분위기였던 터라 환경 단체의 주장 중 상당수는 종종 신문 지면에 큼지막하게 등장하곤 했다. 강원도 영월 동강댐과 새만금 간척 사업이 특히 그랬다.

　환경운동연합과 녹색연합이 주축이 된 환경 단체들은 2000년 6월 정부의 동강댐 건설 계획을 백지화시킨 기세를 몰아 새만금 간척 사업 저지 투쟁에 돌입했다. 환경 단체들은 이 과정에서 청소년과 학계는 물론 천주교와 불교(조계종, 원불교) 등 각계 각층의 지지 성명까지 이끌어내는 막강한 조직력을 과시했다(이러한 내용들이 행사 때마다 신문 지면에 계속 등장했으니 농림부와 농업기반공사에서 환경부 기자실을 곱지 않은 시선으로 보는 것도 어쩌면 당연하다).

　환경 단체의 조직적인 새만금 간척 저지 캠페인이 열린 데다 환경부와 해양수산부가 사실상 '새만금 간척 사업' 반대 의견을 내자, 새만금 민관공동조사단의 활동 종료(2000년 6월 29일) 직후 최종 결론을 내리려던 정부는 여론의 동향을 살피며 발표 시점을 그해 12월, 이듬해 1월 말, 3월 말, 4월 중순으로 계속 늦추기만 했다. 농림부와 농업기반공사, 전라북도측의 대응도 만만치 않았다. 유종근 전북도지사의 경우 2001년 4월 초 '지사직을 걸고 새만금 간척 사업을 추진하겠다'는 내용의 성명까지 냈다. 농림부와 농업기반공사는 특히 새만금 간척 사업에 관한 홍보지를 일선 학교와 강남의 주택가에까지 살포한 것은 물론, 각종 인터넷 여론 조사에 인력을 대거 동원하여 여론을 조작했다는 의혹까지 받았다. 실제 당시 연합뉴스와 동아일보 등이 실시한 인터넷 여론 조사 결과 새만금 간척 사업에 관한 찬성 의견이 반대 의견보다 무려 50%포인트 이상 높게 나타났다.

전라북도 앞바다에 33km의 거대한 방조제를 쌓아 농지(2만 8,300ha)와 담수호(1만 1,800ha)를 만드는 새만금 간척 사업은 환경부 기자실 내부에도 많은 논란을 불러일으켰다. 환경부 출입 기자들의 의식이 환경에 편향됐다는 지적을 받기도 하지만 전혀 반대인 경우도 많았기 때문이다. S 일보 B 차장의 경우 환경부 내에서 대표적인 '친만금파'(새만금 사업을 지지하는 측, 반대측은 '반만금파'로 불린다)로 통했다. B 차장은 삼삼오오 모이는 자리가 생길때면 언제나 '식량 안보'와 '사업 중단시 제2의 환경 오염 피해 우려' 등을 내세우며 "새만금 간척 사업은 반드시 완성돼야 한다"는 주장을 일관되게 유지했다. 이 때문에 기자실에서 또는 식사 자리에서 격렬한 다툼(?)이 벌어지기도 했다. B 차장은 동료 기자들에게 '농림부나 건교부(둘 다 개발 부처이다)를 출입해야 제격'이라는 핀잔 아닌 핀잔을 들어야 했다.

환경부 기자실은 항상 환경 단체들과 밀접한 관계를 유지할 수밖에 없는 입장이다. 환경 단체를 담당하는 경찰 기자들이 따로 있긴 하지만 환경 단체에서 중요한 국책 사업에 관한 환경상의 문제점을 제기할 때는 먼저 환경부 기자실과 어느 정도 정보를 교환하는 것이 일반적이다. 이러한 사정으로 인해 환경부 출입 기자들은 종종 오해 아닌 오해를 받는다. 그러나 오해받는 것을 찜찜해하는 기자는 한 명도 없다. 그만큼 나름대로의 철학과 소신이 있기 때문이다. 그 철학과 소신은 바로 '그동안의 환경 파괴야 경제 개발을 위해 어쩔 수 없었다 해도 앞으로는 우리 후손들을 위해 환경을 정말로 소중하게 간직해야 한다'는 것이다.

농림부와 건교부 등 개발 부처에도 최근 '환경 마인드'가 조금씩 심어지고 있다. '친환경적인 개발'이 싹트고 있다는 징조다.

.......심인성 연합뉴스 기자

가장 자랑스런 상

2000년 12월 18일 오전 10시 30분쯤 과천정부청사 5동 5층의 환경부 기자실에 각 언론사의 전·현직 환경 담당 기자들이 모여들었다. 이날 모임은 '올해의 환경인'을 선정하기 위한 환경기자클럽의 총회였다. 환경기자클럽은 1990년 12월 4일 구성됐으며, 전·현직 환경부 출입 기자와 환경에 관심이 많은 기자들이 회원이다. 2000년 '올해의 환경인' 후보로는 녹색연합과 '새만금 사업을 반대하는 부안 사람들'의 신형록 위원장이 추천됐다.

다수의 기자가 추천한 녹색연합은 미8군 용산 기지에서 독극물인 포름알데히드를 한강에 무단 방류한 사건을 폭로해 미군 기지

'올해의 환경인' 수상자

연도	수상자	수상 이유	비고
1990	박영숙 '녹색의 전화' 대표	국내 최초로 환경 상담 전화 운영	2001년 4월 중앙인사위원회 위원에 임명됨
1991	차준엽 '자연의 친구들' 대표	북한산의 수령 800년 은행나무 살리기 운동 전개	'북한산 탈보'라는 애칭으로 불림
1992	류재근 국립환경연구원 호소수질연구소장	수질 정화 식물인 부레옥잠을 보급하는데 기여	국립환경연구원장, 환경기술진흥센터장
1993	이해찬 국회의원	국회 보사위에서 환경 관련한 탁월한 의정 활동	교육부장관, 민주당정책위원장
1994	우이령보존대책위원회	북한산 우이령 관통 도로 건설 계획 저지	
1995	신창현 의왕시장	음식물 쓰레기 처리장 설치 등 환경 도시를 지향하는 프로젝트 개발, 추진	청와대 환경비서관, 환경부 중앙분쟁조정위원장
1996	김포매립지 주민대책위원회	음식물 쓰레기 반입 저지를 통해 정부가 근본적으로 쓰레기 대책을 마련하는계기를 제공	
1997	환경운동연합 · 녹색연합	국내에서 가장 활발한 환경 보호 활동	국내 대표적인 시민 단체로 성장
1998	석동일 환경생태사진작가	동굴 사진 작가로서 동굴 파괴 현장을 고발	'쉽게 찾는 우리 버섯' 등 사진 작품 출판 활동, 동강살리기 등 환경 운동
1999	이미경 국회의원	수도권 매립장을 국립화하는 데 영향을 미치는 등 활발한 의정 활동	16대 국회 문화관광위에서 활동
2000	녹색연합	미군 용산 기지의 독극물 한강 방출 등 환경 오염 고발	

의 환경 문제를 크게 부각시켰다. 장원 전 사무총장의 성추문 사건
이 거론되기도 했으나, 그것은 개인적인 문제이고 녹색연합의 활
동과는 직접적인 관계가 없었기 때문에 크게 고려될 요인은 아니
었다. 신형록 위원장은 새만금 사업 저지에 총력을 쏟고 있던 터였

다. 신형록 위원장을 추천한 기자는 녹색연합이 지난 1997년 환경운동연합과 함께 공동으로 수상한 전례를 들어 같은 단체가 두 번 수상할 수 있는지에 대해 문제를 제기했다.

이에 따라 수상 경험자가 다시 수상할 수 있는가를 먼저 투표에 부쳤다. 회원들은 '올해의 환경인'이 나눠먹기 식이 되어서는 안 되며, 누구든 그해에 가장 훌륭한 활동을 한 인물이나 단체를 선정해야 한다는 기본 취지에 충실하기로 했다. 수상 경험자도 다시 수상할 수 있도록 한 것이다. 결국 회원들이 투표한 끝에 녹색연합이 수상자로 결정됐다.

그로부터 10일 뒤인 2000년 12월 28일 과천 청사 5동 1층 소강당에서 시상식이 열렸다. 수상자인 녹색연합의 박영신 공동대표와 임삼진 사무처장, 유재근·석동일 씨 등 역대 수상자, 김명자 환경부장관을 비롯한 환경부 관리들과 환경기자클럽 회원들이 참석했다. 박영신 공동대표는 수상 소감을 통해 "환경부와 환경 단체는 '창조적 긴장 관계'를 유지해야 한다"는 명언을 남겨 한동안 기자들 사이에 회자했다.

'올해의 환경인' 상은 상금 없이 상패만 전달한다. 명예만 있을 뿐 물질적 이익은 없다. 그러나 1993년도 수상자인 이해찬 의원은 "내 평생 받은 그 어떤 상보다 자랑스럽다"고 말하기도 했다. 이 의원은 자신의 이력서에 올해의 환경인 수상 경력을 빠뜨리지 않는다. _____ 이도운 대한매일 기자

환경부 기자실의 생태학

2001년 3월 인천 신공항 출입 기자실에서 인터넷 매체인 오마이뉴스 기자가 쫓겨나면서 기자실에 대한 시선이 곱지만은 않은 게 요즈음 상황이다.

과천정부청사 5동 5층에 자리잡은 환경부 기자실이라고 해서 다른 출입처 기자실과 별반 다를 것도 없지만 1990년대 중반 뒤늦게 기자가 돼 처음 접한 환경부 기자실 분위기는 무척 생소했다. 한낮인데도 기자실 한가운데 길다랗게 놓인 소파에서 잠을 청하거나 한가하게 바둑을 두는 경우도 쉽게 눈에 띄었다. 그러다가도 일이 터지면 언제 그랬냐는 듯이 정신없이 전화로 고래고래 고함을 지르기도 하고 자료를 들고 이리저리 뛰어다니는 모습으로 돌변했다. 한순간에 해치우는 일의 양은 엄청나다. 한 시간 안에 원고지 20~30매를 해결해야 할 경우 컴퓨터 자판 위의 손가락이 보이지 않을 정도다. 마치 배가 부르면 나무 그늘에서 낮잠을 자다가도 사냥에 나서면 번개같이 사냥감을 낚아채는 아프리카 초원의 사자 무리를 연상시킨다. 평소에 비축해두었던 에너지를 한순간에 폭발시킨다. 심지어 필요한 때를 위해 평소에는 일부러 게으름을 피우는 것이 아닌가 하는 생각이 들 정도다.

이런 상황은 기자들이 다루는 정보에도 먹이사슬, 먹이 피라미드가 엄연히 존재한다는 사실을 보여준다. 생태계에서 유기물과 에너지를 생산하는 식물(생산자)과 이를 먹는 초식동물(1차 소비자), 초식동물을 먹고 사는 육식동물(2, 3차 소비자), 이를 원래대로 되돌리는 미생물(분해자)이 있는 것처럼 정보와 뉴스를 다루는 세계에서도 이 같은 먹이 피라미드가 있는 것이다.

환경부 기자실에서 보면 정보와 뉴스의 생산자는 대학이나 연구 기관의 전문가들이나 자치 단체의 공무원, 환경 단체의 간사 등이 될 것이다. 이들은 직접 현장에서 정보를 생산, 공급한다. 당연히 엄청난 시간과 노력이 필요하다. 웬만한 연구 보고서는 1년 이상 공을 들인 작품이고, 간단한 설문 조사라 해도 한 달 이상의 시간과 엄청난 품이 들어야 한다. 전국적인 통계를 만들기 위해서는 기초지방자치단체 공무원들의 수고가 필요하다. 정보와 뉴스의 1차 소비자는 환경부 관료나 환경 단체의 간부들이 될 것이다. 이들은 기초 자료를 '보도 자료' 등으로 가공하고 이를 바탕으로 기자 회견이나 브리핑을 한다. 1차 소비자들은 며칠 만에 작업을 끝낸다. 2차 소비자는 당연히 기자들이 된다. 기자들이 정보를 가공해 기사나 뉴스로 만들어내는 데에는 몇 시간이 채 안 걸린다.

덧붙여 3차 소비자는 신문 독자나 TV 시청자, 라디오 청취자로 볼 수 있다. 이들이 뉴스를 소비하는 데에는 몇 분이면 끝난다. TV나 라디오에서 뉴스 한 꼭지를 보고 듣는 데 걸리는 시간은 1, 2분이면 족하고 신문도 큰 차이는 없기 때문이다. 독자나 시청자는 최종 소비자이기도 하지만 동시에 분해자다. 모두가 알고 있는 뉴스나 정보는 더 이상 뉴스도 정보도 아니기 때문에 일반 독자나 시청자가 정보를 소비하는 과정은 곧바로 정보의 분해 과정이 된다.

정보의 순환 과정은 생태계에서 관찰되는 탄소와 에너지의 순환 과정과 크게 다를 바가 없다. 따라서 생태계에서 2차 소비자인 육식동물과 기자실의 기자들이 비슷한 행동 양식을 보이는 것이 단순한 우연의 일치는 아닐 것이다. 그러나 자연 생태계가 단선적인 먹이사슬(food chain)보다는 서로 얽혀 있는 먹이그물(food web) 형태로 존재하듯이 기자들도 가져다주는 정보에만 의존할 수는 없다. 때로는 스스로 정보의 생산자가 되고 1차 소비자가 되어야 하는 게 요즘의 상황이다. 외국까지 나가 취재하거나 며칠씩 현장을 돌아다니며 취재를 해야 제대로 된 기사를 쓸 수 있다는 인식이 보편화된 지 오래다. 기자실 관행을 타파해야 한다는 얘기가 안팎에서 끊임없이 나오는 것도 이런 흐름을 반영하고 있는지도 모른다. _____ 강찬수 중앙일보 환경전문기자

강 기자의 고민

"학교로 갈 생각은 없어요?"

대학에서 시간 강사를 하다 '환경 전문 기자' 로 직업을 바꾼 지도 이제 만 7년이 되어가지만 아직도 취재원들을 만나면 듣는 질문이다. 처음엔 '3년은 채운 뒤에 생각하겠다' 고 했고, 지금은 '하고 있는 일이 재미있어 그럴 생각이 별로 없다' 고 대답한다. 하지만 이런 질문을 받을 때마다 곤혹스러움을 느끼는 것은 어쩔 수 없다. 일단은 아직도 나 자신에게서 '기자 냄새' 가 나지 않기 때문일 터이다. 나이 서른이 넘어 행동과 사고의 틀이 굳어진 다음에 들어선

길이다 보니 험한 경찰 수습 기자를 거친 보통의 기자와 꼭 같은 방식으로 행동한다는 것 자체가 쉬운 일이 아니다.

신문 기자가 된 초기에 6개월 동안 한 달에 두어 번씩 경찰서 야간 취재 당번을 맡은 적이 있었다. 딴에는 점퍼를 걸쳐 입고 시경 상황실을 어슬렁거렸지만 반백의 고참 형사 눈에는 매우 어설펐던 모양이다. 책상 맞은편으로 불러 앉혀놓고 이것저것 피의자 취조하듯이 물어보더니 끝내는 "어쩐지 기자 냄새가 나지 않더라……" 하면서 너털웃음을 터뜨리는 것이었다.

꽤 많은 시간이 흘러 이제는 그 정도는 아니겠지만 나를 대하는 취재원들은 여전히 그런 어색함을 조금씩은 느끼는 모양이다. 신문·방송에서 '환경 문제'를 담당하는 기자들이 상대적으로 거칠게 느껴지는 사회부 소속인 탓에 시종 일관 얌전하게 조용조용 질문을 던지는 내 모습이 고개를 갸우뚱거리게 만드는 것이 아닌가 생각된다. 그렇지만 그건 잘못된 선입견일 터이다. 세련된 매너를 가진 요즘의 후배 신세대 기자들에게서는 사실 선배 기자들의 좌충우돌하는 모습을 찾기가 쉽지 않다.

사람들이 던지는 그런 질문이 본래 그런 의도를 가졌는지 여부와는 무관하게 필자를 무척이나 당혹스럽게 한다. 아직까지 내가 '환경 전문 기자'라는 별스러운 타이틀에 걸맞는 자리매김을 못했다는 평가는 아닌가 하는 생각이 들기 때문이다. 지금껏 '내가 기자인가, 아니면 환경 운동가인가' 하는 질문을 스스로에게 끊임없이 던지고 있는 형편이니 그들을 탓할 일도 아니다. 처음 기자가 되겠다고 마음을 먹었을 때에는 환경 운동의 한 영역으로 환경 기자를 생각했던 것이 사실이다. 한 학기에 수백 명을 대상으로 하는 대학 강의보다는 수백만 명의 독자를 상대로 환경 문제의 심각성을 이야기하는 것이 훨씬 효과가 클 것이라는 계산이 있었다. 그리고 이러한 생각은 지금도 여전히 유효하다.

1990년대에 들어서면서 신문 · 방송 자체가 환경 운동 단체와 연대해 환경 운동을 대대적으로 펴는 일이 흔해졌다. 쓰레기 문제, 상수원 보호 문제, 멸종 위기에 처한 동식물을 살리자는 운동에다 중고 생활용품 나눠쓰기와 최근의 물 · 에너지 아껴쓰기까지 다양하다. 여기에다 '환경'을 주제로 내건 콘서트나 연극 등 다양한 행사까지 심심찮게 벌어진다. 1991년 낙동강 페놀 오염 사고와 1992년 브라질 리우데자네이루에서 열린 유엔환경회의가 기본 토양이 됐고, 대형화한 환경 단체가 등장하면서 동력을 얻은 언론의 환경 캠페인은 시민의 환경 의식을 크게 높였다는 데 나름대로 의미를 부여할 수 있다. 하지만 때로는 언론사의 사세 확장 수단으로 이용됐고, 때로는 수익 사업화됐다는 비판도 받았다. 시작은 거창했지만 지속적으로 추진되지 못하고 흐지부지 끝나는 경우가 많았다는 지적도 있다. 또한 환경 단체가 자생력을 잃고 언론에 지나치게 의존하도록 만들었다는 평가를 내리는 사람도 없지 않다.

나 자신도 거의 매년 주제를 달리하면서 환경 캠페인을 주도한 처지여서 언론의 환경 캠페인에 대한 비판에서 결코 자유로울 수 없다. 나름대로는 환경 캠페인으로 인한 부정적인 결과를 최소화하기 위해 애썼지만, 동전의 양면처럼 겉으로 나타난 성공 뒤에는 그런 비판을 받는 게 마땅한 잘못도 분명히 있었다. 무엇보다도 나 개인의 역량을 문제삼을 수밖에 없으나, 굳이 변명을 하자면 신문사라는 방대한 조직 자체가 아직까지는 '환경 친화적'이지 못하다는 점을 들 수 있다. 당연한 이야기지만 언론사는 이윤을 추구하는 기업이다. 환경 운동 단체는 아니라는 말이다. 언론이 환경 운동을 하는 것은 그 자체가 자사에 보탬이 될 경우에 한해서 관심을 나타내는 것이다.

다른 분야를 취재하다가 환경 분야를 맡는 경우든, 신문사에 붙어 있는 한 환경 문제만을 담당하도록 돼 있는 입장이든 간에 일단 환경 담당 기자가 되면 반쯤은 환경 운동가가 되게 마련이다. 하지만 신문사에서 일하는 것이 그렇게 단순하지 않다는 데 고민이 있다. 우리 사회의 언론, 특히 대중 매체는 때로 맹목적이라고 할 정도로 객관성을 강조하고 있다. 환경 문제도 예외가 아니어서 환경 파괴에 반대하는 시민이나 환경 단체의 요구에 할애하는 지면만큼 그 반대 입장에서 선 기업이나 지방자치단체, 정부 부처의 의견도 반영하는 것이 흔한 일이다. 물론 식견이 있는 독자들은 나름대로 판단을 하겠지만 신문 자체의 입장은 양쪽 모두 일리가 있다는 식으로 흐르기 일쑤다. 엄정한 판단을 내리기보다는 객관적 보도라는 보호막 뒤에 숨는 것이 손쉽기 때문이다.

1998년 초 외환 위기, 경제 위기를 맞으면서 광고가 줄어들자 각 신문에서는 지면을 대폭 줄이는 감량 경영에 들어갔다. 그 결과 환경면이 사라지고 환경 담당 기자 수도 줄었다. "먹고 살기도 힘든데 환경 문제는 무슨……" 하는 것이 많은 언론사 내의 분위기였다. 이런 가운데 두 명이던 우리 신문의 환경 분야 취재 인력이 줄면서 나 혼자 맡게 됐고, 거의 매일 과천 환경부 기자실로 출퇴근하다시피 하면서 환경 전문 기자라기보다는 환경부 출입 기자로 묶이게 됐다. 정작 긴 호흡으로 취재하는 일이 힘들어진 것이다.

1999년 한 해 동안 기획 취재팀으로 자원한 것도 이 때문이었다. 다른 분야 취재를 통해 다양한 취재 방법도 익히고 정말 기자가 돼보겠다는 욕심도 있었다. 덕분에 천연 기념물 취재나 송전탑 문제를 위해 며칠씩 지방으로 돌아다닐 수도 있었고, 수도권 쓰레기 매립지 비리와 관련해 한 달씩 김포를 오갈 수도 있었다. 신용보증기금 대출보증 압력의혹사건 등 환경 문제가 아닌 다른 사건들도 다룰 수 있었다.

1년 만에 다시 환경 분야로 돌아왔지만 상황은 여전히 열악하다. 의약 분업으로 의사들의 파업이 계속되면 그쪽 취재도 지원해야 하고 남북이산가족방문이 있으면 그쪽 기사도 정리해줘야 한다. 전문 기자 타이틀을 달고는 있지만 환경부 출입 기자로서 보내는 시간이 훨씬 많은 게 사실이다. 이런 상황 속에서 회의를 느끼는 경우도 곧잘 있지만 그래도 내가 신문 기자가 되고자 했을 때 가졌던 생각은 여전히 유효한 만큼 하루하루의 상황에 일희일비할 생각은 없다. 어차피 긴 호흡을 갖고 취재하고 기사를 작성하는 것이 내 몫이니까. _____ 강찬수 중앙일보 환경전문기자

어느 서기관이 떠나던 날

환경부를 거친 기자라면 누구나 오랫동안 기억하는 인물이 있다. 2001년 7월 말부터 환경관리공단 홍보실장으로 근무 중인 윤우식 전 서기관.

그는 그해 2월 공보 담당 서기관 자리를 마지막으로 환경부를 떠나기까지 26년 5개월의 공직 생활 가운데 3분의 1이 넘는 10년을 공보실에서 기자들과 애환을 함께하며 보냈다. 말이 10년이지 대부분 공무원들이 1년 아니면 6개월만 채우고 공보실을 떠나려는 마당에 그 오랜 세월을 공보실에서 보내기는 정말 힘든 일이다. 그는 공직에 있는 동안 공무원이 아닌 친형처럼 기자들을 대해줬다. 동생에게 막 대하는 그런 친형이 아니라 언제나 동생을 깍듯이 예우하는 그런 친형처럼 말이다. 이것은 나의 평가이기 이전에 환경부를 거쳐간 선배들과 현재 환경부를 출입하고 있는 선후배들의 평가다.

내가 환경부와 처음 인연을 맺은 것은 2000년 5월 15일. 그때 환경부에서 처음 만난 공무원이 윤 전 서기관이다. 그는 나에게 출입증을 만들어주었고, 환경부에 대한 브리핑도 자세하게 해주었다. 여기까지는 중앙 부처 공보실 직원이라면 누구라도 해줄 수 있는 일이다. 그러나 환경부를 출입하는 동안 그가 기자실에 보여준 애정과 헌신은 남달랐다. 동료 공무원들 속에서 반半 기자라는 비판 아닌 비판까지 들어가면서도 윤 전 서기관은 모든 일에서 항상 기자들을 우선적으로 챙겨주고 감싸줬다. 어떤 기자의 신변에 무슨 일이라도 생기면 자신의 일처럼 걱정해주며 쓴 술잔을 기울였다. 또 기자들간에 반목과 알력이 생기면 중간에서 뛰어난 조정자의 역할을 도맡아 화해를 이끌어내기도 했다. 그래서 종종 기자실 큰형 또는 맏형으로 불릴 정도로 기자들 사이에서 인기가 좋았다.

그는 기자들과 함께하는 동안 서운함을 많이 느꼈을 법도 한데 한 번도 그러한 감정을 표출한 적이 없다. 이를테면 환경부나 환경부 간부를 질타하는 기사를 정정하거나 빼기 위해 그는 퇴근도 하지 못한 채 밤늦은 시간에 신문·방송사를 수도 없이 찾아갔다. 한번은 밤 12시가 넘도록 기사를 정정하지 못하고 모 신문사에서 집이 아닌 환경부로 다시 들어와 작업을 하면서도 그는 문제의 기사를 쓴 기자를 전혀 원망하지 않았다. 그는 술자리에서 이런 말을 한 적이 있다. "홍보성이든 비판성이든 기사를 쓰는 것은 기자의 고유 권한이자 임무다. 내가 어떻게 왈가왈부할 수 있겠느냐"고…….

그래서 그런지 그가 떠나던 날 유달리 아쉬워하는 기자들이 많았다. 강남구 신사동의 한 횟집에서 열린 송별회 자리는 출입 기자들은 물론 전 출입 기자들까지 참석해 그의 떠남을 아쉬워했다. 그는 술에 얼큰히 취해 "공무원 생활을 저처럼 성공적으로 한 사람도 없을 겁니다. 공무원 송별회 자리에 이렇게 많은 기자들이 참석해주다니요" 하며 눈시울을 적시기도 했다. 환경부를 떠난 지금도 그의 친형 같은 너그러움이 마음 한구석에 항상 자리잡고 있다.

_____ 심인성 연합뉴스 기자

기자실의 하루

환경부 기자실은 과천 청사 5동 건물 5층에 위치해 있다. 15평 조금 못 되는 공간에 신문사와 방송사, 통신사, 영자지 기자들이 모여 갖가지 기사를 송고하며 분주한 시간을 보낸다. 2001년 7월 31일 현재 환경부 출입 기자는 공식적으로 28개사 40명(2진 포함)이지만 상시적으로 출근하는 기자는 약 열다섯 명 정도다.

기자들은 먼저 아침에 나오면(보통 8~9시 사이) 회사에 취재 계획(언론사마다 형식은 조금씩 다르다) 형식의 출근 보고를 한다. 출근 보고가 끝나면 그날 환경부에서 발표하는 자료를 처리한다. 발표 자료를 처리해 기사화한다고 해서 그것이 모두 지면에 실리는 것은 아니다. 지면 사정상 신문에 나오지 못하는 기사는 보통 자사 홈페이지에는 그대로 실린다. 발표 자료는 모든 취재의 기본이기 때문에 결코 무시할 수 없다. 때로는 발표 자료에서 특종 거리 비슷한 기사를 건질 수도 있기 때문이다.

2001년 7월 22일 환경부에서 '먹는물 수질 기준'에 관한 자료를 공식 보도 자료가 아닌 참고 자료 형식으로 낸 적이 있다. 그 내용은 청량 음료나 주류 제조업체들이 샘물을 희석수(술이나 음료에 타는 물)로 사용할 때 기존의 먹는샘물 수질 기준에서 생활용수 수질 기준만 맞추면 되도록 기준을 완화한 것이 주요 골자였다. 환경부는 규제개혁위원회의 규제 완화 방침을 수용해 먹는물관리법 시행 규칙을 개정한 만큼 큰 문제 의식을 갖지 못한 채 자료를 냈다. 그런데 기자들이 봤을 땐 황당하기 그지없는 자료였다. "먹는물의 수질 기준을 강화해야 할 판에 오히려 완화해주다니……." 결국 그 다음날 신문에는 수질 기준 완화를 꼬집는 관련 기사가 모두 1면 또는 사회면에 큼지막하게 실렸다.

　발표 자료 및 설명회 자료는 통상적으로 엠바고Embargo(일정 시점까지의 보도 자제)가 붙는다. 엠바고는 기자실 투표에 의해 선출되는 간사가 기자들의 의견을 물어 정하게 된다. 엠바고를 깨는 기자가 있을 경우 기자단 총회를 열어 해당 기자를 징계하기도 한다. 징계 수위는 보통 사안의 중요도에 따라 다르며, 1주일에서 1년까지 출입 정지가 내려지기도 한다.

　발표 자료를 대충 처리하고 나면 어느덧 오전이 지나간다. 하지만 오전에 기자 설명회(대개 실·국에서 돌아가며 업무 설명회를 갖는다)라도 있는 날이면 다른 취재는 오후로 미뤄야 한다. 특히 환경단체의 기자 회견까지 겹쳐 있으면 하루 종일 정신이 없다. 환경운동연합과 녹색연합, 환경정의시민연대 등 이제 완전히 자리를 잡은 환경 단체들은 가끔씩 기자실을 방문해 굵직굵직한 사안들을 발표한다. 가끔 발표 내용이 환경부를 당황하게 하는 경우가 있어 환경부 공보실로서는 환경 단체의 발표 일정이 잡히면 이만저만 신경 쓰이는 게 아니다.

　식후 오수는 불로장생의 필수 요소라 했던가. 점심을 먹고 난 뒤 많은 기자들이 10~20분 가량의 낮잠을 즐긴다. 오후 취재는 대부분 기자들이 나름대로 독자 취재를 하기 때문에 괜한 신경전을 벌이기도 한다. 즉 환경부가 과천에 있다는 지리적 특성 때문에 기자들은 주로 전화 취재에 많이 의존하는데, 이 경우 행여 '물'(어느 기자가 대단한 특종을 했을 때 나머지 기자들은 '물을 먹었다'고 표현한 다)이나 먹지 않을까 노심초사하며 타사 선후배의 전화 취재 내용에 귀를 쫑긋 세워야 하기 때문이다. 물론 한겨레 조홍섭 부장이나 중앙일보 강찬수 박사처럼 환경 전문 기자로서 현장을 많이 돌아다니는 기자들도 있다.

기자실이 긴장감만 감도는 그런 곳은 아니다. 가끔씩 오후 4~5시가 되면 순대나 만두, 피자 등 간식이 나온다. 대충 마감을 한 뒤라 어느 정도 여유를 되찾은 기자들이 하나 둘씩 모여 그날 있었던 해프닝과 사회 돌아가는 이야기를 논하기도 한다. 날이 어둑어둑해지고 다음날치 가판 신문이 배달되면 기자들도 서서히 퇴근 준비를 한다. 가판 신문에 다행히 관련 기사가 나지 않으면 곧바로 퇴근을 하지만 다른 신문에 물이라도 먹은 기사가 나면 퇴근이 무한정 늦어지는 경우도 있다. 과천 청사에 머무르며 확인 취재를 해줘야 하기 때문이다.

환경부 기자실의 불은 보통 저녁 9시 이전에 꺼졌다가 그 다음날 오전 7시 30분~8시가 되면 다시 켜진다. 밤 시간의 적막함은 기자들의 출근과 함께 깨지고 밤이 올 때까지 부산함과 긴장감, 신경전은 계속된다. _____ 심인성 연합뉴스 기자

11 ___ 공무원과 기자

대낮 폭탄주에 날아간 1급

2000년 7월 27일 낮 12시 과천 청사에서 10여 분 떨어진 한 음식점에서 환경부 산하 중앙환경분쟁조정위원장(1급)과 환경부 기자단이 오랜만에 오찬을 가졌다. K 위원장을 처음 보는 기자들이 많아 음식이 나오기 전에 관례적으로 명함을 건네며 가벼운 인사를 나눴다. 여느 때와 다름없는 평범한 오찬의 시작이었다. 그러나 소주 기운이 돌고 누군가가 폭탄주를 제안하고, 소폭(맥주에 소주를 섞어 마시는 술)이 한 순배씩 돌아가면서 분위기는 너무나 화기애애

(?)해진 나머지 공식 석상에서 나오지 말아야 할 실언들이 쏟아져 나왔다.

"아키코 상은 우리 와이프보다 이뻐."

"아키코 상은 참 곱게 늙었어."

K 위원장이 김명자 환경부장관의 이름을 일본식으로 빗대 부르며 미모를 평가하자 좌중은 다소 어색한 분위기로 변했다. 그러나 K 위원장은 주위의 시선을 의식하지 못한 채 몇 차례 더 '아키코 상'을 연발했다. 여기까지는 그래도 사태가 위험 수위까지는 발전하지 않았다.

오후 1시 30분쯤 자리를 털고 일어나 과천 청사로 돌아오는 승합차〔연합뉴스, 조선일보(여), 코리아타임스(여) 기자가 동승했다〕 안에서 결국 사건이 터지고 말았다. 취기가 오른 K 위원장이 대뜸 여기자들을 향해 "대학은 어디 나왔어요"라고 물었고, 그들은 "고대 나왔습니다(조선)" "이대 나왔습니다(코리아타임스)"라고 대답했다. 대답하기가 무섭게 K 위원장은 "내 딸은 연대 나왔는데 남자들이 부담스러워해. 여자는 연·고대보다 이대가 좋은 것 같애"라고 알쏭달쏭한 말을 내뱉었다. 거기다가 "환경부에는 유달리 여자가 많아요. 여기자도 많고 또 장관도 여자고……" "환경부가 힘 없는 부서라 그런지 여자 장관만 내려온다니까. 우리가 만만한가 보다"라고 덧붙였다.

잔뜩 흥분한 조선일보 기자는 기자실로 들어와 데스크에게 사건의 전말을 보고했고, 순간적으로 기사 거리(?)라고 판단한 데스

크는 기사화할 것을 주문했다. 그렇게 그 기사는 결국 조선일보 가판 사회면 지면에 큼지막하게 등장했고, 한국·중앙·동아일보(공교롭게도 이 세 신문 기자는 문제의 오찬 자리에 참석하지 않았다)가 시내판에 그 기사를 따라 썼다.

K 위원장은 취중 발언이 문제가 되자 "나는 페미니스트인데 실수로 그런 발언을 하게 됐다"고 해명했다. K 위원장은 다음날 오전 사표를 제출한 뒤 기자실에 들러 "고위 공직자로서의 신분을 충분히 고려하지 못한 채 발언을 해 스스로 부끄럽게 생각한다"는 말만 남기고 30년의 공직 생활을 불명예스럽게 접어야 했다. 이후 기자실은 조선일보의 K 위원장 보도를 놓고 "꼭 그렇게 기사를 써야만 했나" "당연히 기사를 써야 했다"는 등 찬반 양론을 펴가며 한동안 논란을 벌여야 했다.

사건 경위야 어떻든 K 위원장은 고위 공직자로서의 품위를 지키지 못했고, 그 발언 또한 문제삼기에 충분했다. 그러나 근본적인 문제는 여성에 대한 뭇 남성들의 왜곡된 시각에 있다. 여성을 평등한 존재로서 서로 존중해야 할 인격체로 여기는 마음이 있을 때 진정한 페미니스트라는 호칭을 들을 수 있는 것이다. 여하간 K 위원장 사건은 공무원들에게 '입조심' 경계령을 다시 한 번 내리는 계기가 됐다. 공무원들이여 부디 입조심을…… ___심인성 연합뉴스 기자

환경부의 언론 플레이

2000년 2월 초순 어느 날. 아침부터 부장에게 기사 닦달을 받고 K 기자가 P 과장의 방을 찾았다. P 과장은 내심 무슨 일인가 긴장했다. 수질 관련 업무를 총괄하는 P 과장은 관련 부처와 업무 조정 관계로 골머리를 썩이고 있던 터라 기자들이 방에 들르는 것을 내심 꺼려했다. 행여 정보가 유출되면 윗분들의 문책이 이만저만이 아니기 때문이다. 새만금 간척 사업과 낙동강 수질 대책 관련 법안의 국회 통과 문제 등으로 윗분들의 심기가 불편한 시점이어서 더욱 신경이 쓰였다.

그러나 K 기자가 기사 거리가 뭐 없느냐며 채근하자 속으로 쾌재를 불렀다. 이 기회에 평소에 관련 부처에 쌓였던 불만을 기사 거리로 내놓을 작정이었다. 수도 요금을 인상해야겠는데 지자체는 물론이고 행정자치부와 재정경제부에서도 난색을 표명하고 있기 때문이었다.

수도 요금 인상 계획은 이미 관련 부처 협의를 거쳐 2001년까지 생산 원가의 100% 수준으로 현실화하기로 결정한 상태였다. 그런데도 물가 당국이 공공 요금 인상을 부채질할 수 있다는 이유로 미적대는 바람에 환경부가 제 목소리를 내지 못하고 있는 형편이었다. 언론을 통해 문제를 환기해보라는 권유도 있었던 터였다. 게다가 비슷한 이슈로 며칠 전 S 기자에게 자료를 주어 재미를 톡톡히 보아 노하우도 어느 정도 터득한 상태였다. 이런 사안은 기자실에 보도 자료로 일괄 배포해 봐야 단신 기사로 처리될 것이 뻔하다는 것을 그도 잘 알고 있었다.

"요즘 지방 상수도 재정이 파산 위깁니다. 그런데도 정부와 지자체에서 수도 요금을 인상하려고 미동도 하지 않아 큰일입니다." 지방 상수도 재정이 파산 위기라는 것이다. 내용이야 별로 새로운 것도 아니지만 관련 부처의 반대로 요금 현실화가 벽에 부딪혀 있다면 그 자체가 뉴스라는 판단이 섰다.

P 과장이 슬그머니 내민 자료의 요지는 수도 요금 미현실화로 상수도 누적 부채가 4조 2,000억 원에 달하지만 1999년 말 현재 전국 평균 수도 요금 현실화율은 74.1%에 불과해 2001년 목표 연도까지 현실화가 사실상 불가능하다는 것이었다. 물가 인상으로 인한 서민 가계의 부담을 의식해 재정경제부와 지방의회가 반대하고 있고, 행정자치부는 수도 요금 현실화 등과 관련해 그동안 우수 지방자치단체에 부여해온 교부금 인센티브 제도를 폐지하려고 하고 있기 때문이었다. 그러나 수도 사업 시설을 개선하는 데 필요한 재원을 확보하기 위해서는 요금 현실화가 절실한 환경부로서는 이들 모두를 상대로 한바탕 전쟁을 치르기에는 역부족이었다. 그래서 궁리한 것이 언론을 통한 지원 사격이었던 것이다.

그러나 문제는 공무원과 기자들이 갖고 있는 인식의 차이였다. "관련 부처간 마찰로 수도 요금 현실화가 물건너갔다는 내용이군요"라고 핵심을 정리하자 상황이 잘못 전달됐음을 간파한 P 과장이 아연실색했다. "그게 아니고, 수도 요금을 빨리 현실화해야 한다는 것에만 초점을 두어야 합니다. 개각도 얼마 남지 않았는데,

그렇게 보도되면 장관이 관련 부처에서 엄청난 욕을 먹게 됩니다."

환경 행정은 여론의 향배에 따라 조직과 예산 배정에 상당한 영향을 미치는 것이 우리의 현실이다. 하지만 이 일은 공무원들이 이같은 점에 편승해 문제를 정면으로 풀어 나가려 하지 않는다는 것을 단적으로 보여주는 사례라 할 수 있다. ____ 정정화 한국일보 기자

동상이몽

기자들은 직업 특성상 사회 현상을 늘 비판적으로 보려는 속성이 강하다. 권력과 주변 환경에 대한 감시와 비판 기능이 가장 중요한 언론에 몸담은 기자가 예리한 비판 감각을 상실한다면 존재가치를 잃는 셈이다. 이런 속성 때문에 더러는 복잡 다기한 사회현상의 특정 부분에서 불거진 사소한 부작용이나 문제점을 집중적으로 물고늘어져 본질을 왜곡하는 경우도 없지 않다. 복잡한 현상을 단순하게 개념화해 전달하는 과정에서 빚어진 오해도 있지만, 전문 지식과 시간 부족으로 판단을 그르치는 때도 있다. 작은 사실하나에 얽매여 전체를 조망하지 못하고, 에피소드에 불과한 뒷얘기로 사람과 현상을 곡해하는 경우도 있을 수 있다. 그래서 혹자는 기자는 나무는 보고 숲은 보지 못하는 근시안들이라는 비판을 서슴지 않는다. 특히 출입처 제도가 관행화된 우리 사회에서 기자와 취재원과의 관계, 그중에서도 공무원과의 관계는 서로의 시각차로인해 마찰을 빚는 경우가 자주 발생한다.

그러면 기자들이 공무원들을 바라보는 시각과 태도는 어떤가? 그들은 무엇보다도 조용하고 말썽 없이 업무를 처리하는 것을 선호하고, 문제가 불거져 이슈화되는 것 자체를 원치 않는다. 반대 집단을 적당히 회유하거나, 단기적인 대증 요법을 제시함으로써 문제를 조용히 해결하는 것이 미덕이다. 위로 올라갈수록 이런 성향은 더 심해진다. 점증주의(Incrementalism)를 주창한 린드블럼 C. S. Lindblom은 이 같은 행태를 'muddling through(그럭저럭 헤쳐 나가는 것)'라고 했다. 개혁과 변화를 싫어하고 문제를 일으키지 않는 것이 최선의 방책이라고 여기는 관료 조직의 업무 방식과 조직 특성을 간파한 것이다.

사례 1 황사가 불어닥쳐 병원마다 안질환 환자로 득실거린다는 기사가 연일 언론에 보도되던 2001년 3월 초순 어느 날, 사회면에 황사에 함유된 중금속 성분이 해마다 증가하고 있다는 기사가 실렸다. 서울의 경우 1999년 1월과 2000년 3월의 황사 성분을 분석한 결과 중금속인 납과 크롬이 각각 3.3배, 7.3배 늘어났다는 내용이었다. 철과 망간도 5.9배와 7.7배가 증가한 것으로 보도됐다. 심지어 광주 지역에서는 납 성분이 무려 21.5배나 증가했고, 1998년부터 검출되지 않았던 크롬이 2001년 1월 황사에서 등장하는 등 전국적으로 황사로 인한 중금속 피해가 우려된다는 요지였다.

다음날 아침 신문이 미리 서울 시내 가판에 배포된 그날 저녁, 낮에 자료를 제공했던 공무원으로부터 거센 항의에 시달려야 했다. "도대체 무슨 근거로 그런 보도를 합니까. 대부분 지역은 중금속 성분이 오히려 줄어들었는데 왜 성분이 늘어난 일부 지역만 문제 삼습니까. 언론이 자기 마음대로 기사를 써도 되는 겁니까?" 잔뜩 화가 나 흥분된 목소리였다. 상사에게 엄청 혼이 난 모양이었다. 그의 항변은 이랬다. 서울의 경우 납은 1998년 3월에는 0.1900 $\mu g/m^3$이었으나 1999년 1월에는 0.1809$\mu g/m^3$로 0.0091$\mu g/m^3$이 감소했고, 크롬과 카드뮴도 1998년과 비교하면 1999년에는 각각 0.0147 $\mu g/m^3$과 0.0002$\mu g/m^3$이 줄어들었다는 것이다. 그런데 왜 감소한 것은 말하지 않고 2000년과 비교해 증가한 부분만 강조하느냐는 것이었다. 중금속이 포함되어 있다 해도 워낙 미세하고, 납 성분도 세계보건기구(WHO)가 정한 인체 유해 기준(0.5$\mu g/m^3$)에 비하면 전혀 우려할 수준이 아닌데도 현상을 왜곡 보도했다는 것이다.

재미있는 것은 하소연하는 듯한 그의 마지막 말이었다. "이런 보도가 나가면 시민들이 얼마나 불안해하겠습니까. 가뜩이나 황사로 시민들의 불편이 이만저만이 아닌데 중금속까지 포함돼 있다면 어디 외출이나 제대로 할 수 있겠습니까." 그러나 정작 불안한 것은 시민들이 아니라 담당 공무원들이다. 황사 대책을 마련하고 보도 경위를 상부에 일일이 보고해야 하는 공무원 자신들이 불편하고 피곤하다는 얘기다.

아니나다를까 한번 된통 혼이 난 탓인지 환경부는 2001년 3월 3일부터 3월 7일 사이에 발생한 황사 성분을 분석한 자료를 발표하면서 "카드뮴, 납 등 인체와 환경에 유해한 중금속 물질은 평상

시와 비슷하거나 오히려 낮은 것으로 나타났다"고 밝혔다. 카드뮴의 경우 조사 대상 여섯 개 지역 가운데 부산, 인천, 광주, 대전 등 네 개 지역이 2000년의 평균치보다 높게 나타났고, 크롬은 인천, 광주, 대전 등 세 개 지역의 수치가 2000년보다 높았는데도 말이다. 보도 자료의 왜곡은 기자들의 자의적인 해석에서 야기되는 경우보다 생산자가 의도적으로 왜곡하는 것이 더 심각하다는 것을 확인한 순간이었다.

사례 2 정부 개혁 겉돌고 있다는 기획 시리즈를 보도한 뒤 기획 예산처 및 행정자치부 관련 공무원들과 벌인 '숫자 논쟁' 한 토막. 김대중 정부가 공공 부문 개혁의 일환으로 3년 동안 단행한 중앙 및 지방 정부의 인력 감축이 힘없는 하위직과 기능직만 쫓아내는 등 눈 가리고 아웅하는 식에 불과했다는 요지에 그들이 발끈했다.

정부 부문의 인력 감축은 중앙 부처의 경우 1998년부터 2000년 12월 말까지 퇴출된 총 2만 1,356명 가운데 6급 이하 하위직과 기능직이 각각 6,943명(32.5%)과 1만 3,666명(64%)으로 96.5%를 차지했다. 이에 비해 1급은 42명, 2급은 92명, 3급은 8명, 4급은 275명, 5급은 300명 등으로 하위직과 기능직에 비하면 손으로 꼽을 정도였다. 지방 정부도 사정은 마찬가지였다. 지난 3년 동안 정원에서 4만 9,506명을 감축했으나 6급 이상은 9,296명으로 18.8%에 불과하고 나머지는 7급 이하와 기능직 몫이었다. 구체적으로 보면 기능직이 1만 6,466명(33.3%)으로 가장 많았고, 다음으로 7급

이하 1만 5,176명(30.6%), 소방·고용·별정직 6,594명(13.3%), 6급 6,587명(13.3%), 5급 2,232명(4.5%) 순이었다. 2급 이상은 14명이고 3급 36명, 4급 427명 등으로 지방에서도 고위직은 극소수에 불과했다.

실상이 이런데도 정부 개혁을 추진해온 관련 부처 책임자들은 기사 내용에 발끈했다. 정부 개혁을 왜곡하고 있다는 것이다. 뼈를 깎는 구조 조정의 노고를 알아주기는 커녕 왜곡 보도로 하위직의 불만와 동요를 부추기고 있다는 반박이었다. 논거는 각 직급별 인원에 대비한 감축 비율이었다. 중앙 부처 공무원의 경우 6급 이하의 감축 비율은 11%이었으나 2급 이상은 11.7%로 더 높았다. 지방 정부의 경우도 7급 이하는 12.5%에 불과하지만 2급 이상은 14.5%였는데 어떻게 하위직 위주의 구조 조정이냐는 주장이었다.

일견 타당하다. 직급별로 보아도 고위직의 자리가 상대적으로 더 많이 없어졌다. 미국이나 영국, 일본에 비해 '뼈를 깎는' 구조 조정을 단기간에 단행해 목표를 초과 달성하기까지 했는데 실패한 개혁으로 치부하는 데 가만있을 리 없었다. 구조 조정이 수적인 면에서 하위직과 기능직에 집중된 데에도 그럴 만한 사정이 있었다. 총 정원에서 이들은 고위직에 비해 절대 다수를 차지한다. 업무 전산화와 민간 위탁 등으로 주로 단순·집행 업무에 몰려 있는 하위직과 기능직이 인력 감축의 주 대상이 될 수밖에 없었던 것이다.

그렇다면 그렇게 많이 퇴출당한 고위 공무원들은 지금 어디에 있는가? 구조 조정이 단행된 이후 1999년과 2000년에 전국 각지에서 우후죽순처럼 설립된 공사와 공단은 무엇을 말하는가? 거기에서는 누가 자리를 차지하고 있는가?

정부의 구조 조정이 눈 가리고 아웅하는 식이라는 비판은 구조 조정이 가져다 주는 신분의 변화가 민간 부문과 근본적으로 다르다는 데 있다. 민간 기업에서의 퇴출은 일자리를 잃고 거리로 나서야 하는 생존의 문제이지만, 정부 부문의 인력 감축은 극소수를 제외하고는 자리 이동을 의미한다. 특히 고위 공무원들은 산하 기관이나 공사, 공단의 임원으로 자리만 옮겨 공공 부문의 한켠에 지금도 버젓이 앉아 있다. 정부에서는 이 자체를 구조 조정으로 추진해 온 것이다.

물론 민간 위탁으로 정부의 기능을 이양하면서 고용 승계를 보장해 실직의 충격을 완화하는 전략은 선진국도 마찬가지로 사용해왔다. 그러나 효율성은 따지지도 않고 민간 위탁이라는 명분만 앞세워 공사와 공단을 마구 설립하고, 고위직은 산하 기관의 임원으로 명함만 바꾸는 것이 구조 조정의 취지와 얼마나 부합할 것인가? 구조 조정을 추진해온 당국자가 하위직에 퇴출 대상자가 집중됐다는 기사에 잔뜩 긴장하는 모습은 무엇을 말하는가? 조그마한 반발에도 전전긍긍하며 눈치를 살펴야 하고 단기간의 실적 평가에 연연해하는 개혁 추진 관계자들의 태도는, 정부의 구조 조정이 얼마나 취약하며 임기 응변식으로 이루어졌는지 미루어 짐작하게 한다.

사례 3 "방탄 조끼를 입고, 적의 눈에 띄지 않도록 위장을 한 채 비무장 지대를 일곱 번이나 목숨을 걸고 들어갔다 왔습니다."

경원선 철도 복원 사업과 도로 개설로 인한 비무장 지대의 생태계 훼손을 최소화하기 위해 환경 영향 평가 작업이 한창이던 2001년 1월 말. 환경부 P 과장은 모처럼 찾아온 기자에게 비무장 지대를 오간 무용담을 한껏 늘어놓았다. 작전상 이유로 야생 동물이 이동할 수 있는 생태 터널 건설에 반대하는 국방부를 설득하기 위해 담당 국장이 '별 여덟 개'와 설전을 벌였다는 후일담도 전해주었다. 비무장 지대의 생태적 중요성을 설명하기 위해 장관이 청와대에 요청해 안보장관회의에도 참석하고, 관계 부처 차관회의를 소집했을 때는 옛날 같으면 콧방귀도 뀌지 않았을 힘 있는 부처 차관들이 몰려왔다는 대목에서는 조직에 대한 자부심도 엿보였다.

이날 P 과장을 찾은 것은 '생태계의 맥을 잇자'는 시리즈를 연재하면서 환경영향평가제도와 관련된 통계 자료를 확보하기 위해서였다. 부실한 환경 영향 평가와 솜방망이 처벌로 이 제도가 환경 훼손의 '면죄부'로 전락했다는 비판은 이미 경기도 용인시 신봉 택지 개발 지구와 죽전 지구에 대한 환경 영향 평가 과정에서 속속 드러나 한 차례 소나기가 지나간 뒤였다. 토지공사가 신봉 지구 내의 아름드리 수목을 마구 잘라낸 것이 언론에 크게 보도되자 경기도가 2000년 11월 원상 복구 명령을 내렸던 것이다.

1995년부터 2000년 말까지 6년 간 환경 영향 평가를 받은 사업 922건 가운데 부실 평가서 작성으로 처분을 받은 경우는 20건에 불과하고, 그나마 가장 무거운 처벌인 3개월 업무 정지도 한 건이

고작이었다. 실정이 이러하니 환경부에 비난이 쏟아진 것은 당연했다. 환경영향평가 대행업체와의 유착 소문이 꼬리를 물었고, 자체 감사가 실시되는 등 한바탕 난리를 치른 뒤 2001년부터 환경영향평가 대행업체가 고의 또는 중대한 과실로 평가 업무 대행을 부실하게 하다 세 차례 적발될 경우 등록을 취소하는 삼진아웃 명령제를 도입하는 등 처벌이 대폭 강화됐다.

사태가 일단락된 뒤여서 그날 P 과장을 만나서는 환경 영향 평가와 관련한 통계 수치만 '가볍게' 확인하려고 했다. 그러나 30여 분 이상 장광설을 들은 뒤 지나가는 말로 자료를 요청하자 금새 안색이 변했다. "아니, 왜 다시 부관참시副棺斬屍하려고 이러십니까. 내 맘대로 자료를 내놓을 수 없으니 국장님한테 허락을 맡아 오십시오." 목숨을 걸고 비무장 지대를 답사했다는 조금 전의 열변과 소신은 이내 사라지고 갑자기 역정을 내기 시작했다. 한술 더 떠 그는 "기사를 쓰려면 환경부가 비무장 지대 환경 보전을 위해 얼마나 노력하는지 그거나 좀 써주십시오"라며 외면했다. 더 이상 왈가왈부해봐야 피차 피곤해질 것이 뻔해 자리에서 일어났다(새로울 것도 없는 자료는 담당 국장의 지시로 바로 기자실로 보내져왔다).

한번 걸러진 문제라도 다시 거론되는 것에 강한 알레르기 반응을 보이고, 책임을 위아래로 떠미는 공무원들과 기자들 간의 승강이는 오늘도 계속되고 있다. ＿＿ 정정화 한국일보 기자

가십 한 줄에 목매는 관료

신문 기사 유형 가운데 한때 유행했던 가십은 사실을 객관적으로 전달하는 스트레이트 기사나 분석적 시각이 가미되는 해설 기사로 소화하기 어려운 뒷얘기를 주로 다룬다. 정색을 하고 기사화하기에는 뉴스 가치와 비중이 떨어지지만, 가벼운 읽을 거리로 놓치기 아까운 소재가 많아 각 신문들이 몇 년 전까지만 해도 고정란을 확보하고 있었다. 정부나 기업 등 조직 내부의 미묘한 갈등이나, 인사 문제를 둘러싼 알력, 에피소드 등 아픈 치부를 드러내는 소재가 대부분이어서 당사자나 관련 기관이 매우 민감하게 반응하였다. 특히 공직 사회를 대상으로 한 가십은 기관장의 행태나 조직 내의 아픈 속살을 헤집는 경우가 많아 더 예민할 수밖에 없다.

그러나 '가십gossip'은 말 그대로 '험담'이나 '뒷공론'으로 흐를 수 있고, 흥미 위주에 치우쳐 최근에는 대부분 신문이 용도 폐기한 상태다. 독자들의 호기심에 영합하거나, 문제의 본질을 도외시한 채 말단 지엽적인 사안을 다루는 것은 언론의 정도正道가 아니라는 비판도 적지 않았기 때문이다. 이런 가십이 공무원들의 애간장을 태우던 때의 일이다.

구제역이 서해안 일대에 창궐했던 2000년 3월. 150여 km 떨어진 경기도 파주와 충남 홍성에서 구제역이 동시에 발생하자 농림부와 방역 당국에서는 황사를 통한 공기 전염 가능성을 제기했다. 두 지역이 서해안에서 가까운 데다 당시 황사가 매우 심했기 때문이었다. 국립수의과학검역원의 K 박사는 "1981년 영국에서 발생한 구제역은 250km나 떨어진 프랑스에서 도버 해협을 건너 전염되었다"면서 근거를 댔다. 바람이 한쪽 방향으로 일정하게 불고, 저온에 햇볕이 가려지고, 산 등 장애물이 존재하지 않으면 먼 거리에도 구제역이 얼마든지 전파될 수 있다는 것이다. 여행객이나 수입 육류, 사료 등에 묻어 왔을 경우 확산 범위가 매우 제한적인 데비해 서해안 일대에 광범위에게 급속도로 퍼진 것도 황사에 혐의를 두는 이유 중 하나였다. 중국의 구제역이 황사를 타고 서해안 지역으로 전파됐을 것이라는 이 시나리오는 초기에는 매우 설득력 있게 들렸다.

농림부 일각에서도 이런 의견이 제기되자 환경부가 발끈했다. 황사를 국제적인 장거리 이동 오염 물질에 포함시키는 문제로 중국측과의 협상에서 골머리를 앓았던 환경부가 이제는 구제역 대책까지도 강구해야 할 판이었다. 환경부 산하 연구 기관인 국립환경연구원이 즉각 반박에 나섰다. 구제역 바이러스는 햇빛을 쬐면 금방 죽기 때문에 황사를 타고 서해를 건너 우리 나라까지 날아오는 것은 거의 불가능하다는 것이었다. 황사에 의한 것이라면 전국에서 구제역이 창궐해야 하는데 서해안 일부 지역에 한정되었다는 점도 거론됐다. 몇 달 뒤 구제역이 황사에 의한 것이 아니라고 판명됐으나 농림부와 환경부 사이의 골은 더 깊어졌다.

당시 구제역 발병 원인과 황사와의 인과 관계에 대해서는 스트레이트나 해설 기사로 많이 다루어질 정도로 사안이 중요했다. 그러나 두 부처간의 보이지 않는 알력은 심증만으로 기사화하기에는 미흡했다. 그래서 가십을 활용한 것이다. '구제역이 황사 때문이라고? 방역이나 검역 소홀의 책임을 면하려는 농림부의 술책이 아니냐'는 환경부 공무원들의 불평이 주로 제기됐다. 구제역 발병 원인을 두고 서로 책임을 떠넘기려는 관료 조직의 병폐라고도 지적했다. 아니나다를까 보도가 나가자 그날 밤 한바탕 난리를 치러야 했다. 농림부의 거센 항의를 받고 다급해진 환경부 공보관이 찾아와 기사 삭제를 요청하며 사정을 했다. 한참 승강이를 벌이다 표현을 다소 부드럽게 바꾸었지만 공무원들은 이처럼 가십 한 줄에도 목을 맨다.

'세계 물의 날'(3월 22일) 행사를 앞두고 2000년 3월 나온 '환경-건교부 손발 안 맞네' 가십은 두 부처간의 해묵은 갈등을 표출한 것인데, 환경부의 담당 국장과 심한 언쟁을 벌여야 했다. 두 부처가 행사를 공동 주관하면서 물 절약 방법 등 보도 자료를 경쟁적으로 배포하면서 생색만 내고 있고, 환경부는 '물절약범국민운동'을 추진하면서 환경 단체에 간판만 걸어놓고 예산은 한푼도 지원하지 않은 채 남의 탓만 하고 있다는 내용이었다. 다혈질인 S 국장은 "주무 부처도 아닌 건설교통부가 물 절약 업무도 하겠다고 떠벌이는 것이 잘못이지, 환경부의 노력을 이렇게 깔아뭉개도 되느냐"며 거칠게 항의했다. 추진력 하나로 승승장구해온 S 국장으로서는 최대 숙원인 이 사업에 흠집을 낸다며 여간 기세가 등등한 것이 아니었다. 자신이나 조직에 비판적인 기사는 그것이 가십일지라도 민감한 반응을 보인다. 외부의 도전이나 비판에 자기 논리로 저항

하고, 변화를 유리한 국면으로만 이끌려는 관료 조직의 태생적 한
계를 보는 듯했다. ＿＿ 정정화 한국일보 기자

V

환경 정보 길라잡이

12 ___ 인터넷에서 찾는 환경 정보

　　과거 인터넷이 보편화되기 전에는 어떻게 취재를 해서 기사를
작성했을까 싶을 만큼 이제는 인터넷을 활용하지 않고는 취재 자
체가 불가능한 시대가 됐다. 아침에 출근하자마자 환경 단체의 자
료나 성명서는 물론 외국의 환경 정보만 전문적으로 취급하는 인
터넷 서비스 회사가 제공하는 매일매일의 뉴스를 이메일로 체크한
다. 취재에 앞서 과거에 비슷한 이슈에 대해 어떤 기사가 있었는지
도 인터넷에서 검색한다. 또 취재를 할 사안에 대해 어떤 전문가가
적당한지도 인터넷에서 찾아낸다. 사람을 만날 때에도 해당 기관

의 홈페이지에서 구한 약도를 들고 찾아간다. 전화 통화를 원할 때에도 홈페이지에서 전화 번호를 얻는다. 통화가 안 되면 이메일을 보낸다. 기사를 작성할 때 미흡한 부분이 있으면 국내외 전문 기관의 사이트를 뒤져 필요한 내용을 얻는다. 작성한 기사는 인터넷에 오른다. 언론사 자체의 인터넷이나 언론 재단에서 운영하는 기사 데이터 베이스는 물론이고 기자 개인이 운영하는 홈페이지에도 올려놓는다. 취재가 인터넷으로 시작해 인터넷으로 끝난다고 해도 과언이 아닐 정도다.

매일매일 쏟아지는 환경 정보를 신속하고 손쉽게 얻는 방법은 없을까. 환경 정보의 필요성을 느끼는 사람은 환경 분야를 취재하는 기자뿐만 아니라 환경을 전공하는 학생, 환경 운동가 등 다양하다. 주부나 어린이들도 학교 숙제를 하는 과정에서 환경 정보에 대한 아쉬움을 느낀다. 환경 정보를 가장 손쉽게 얻는 방법은 신문이나 잡지 기사를 스크랩하거나 방송을 녹화하는 것, 인터넷을 활용하는 것이다. 그 밖에 번거롭지만 환경 단체나 대학 도서관을 찾는 방법도 있을 수 있고, 전문가에게 전화를 걸어 물어보는 방법도 있을 것이다.

이 글에서는 환경 정보를 얻을 수 있는 인터넷 홈페이지 주소를 소개하고자 한다. 오프 라인으로 자료를 얻으려면 대학 도서관 등은 물론, 환경 단체를 찾거나 과천 환경부의 자료실 등을 찾으면 된다. 신문 기사를 보고 전화 번호나 간단한 설명을 원할 때에는 해당 기자에게 이메일을 보내면 된다.

정부 기관 및 연구소

▶ 환경부 **http://www.me.go.kr**

환경부의 조직, 환경 정책 전반에 대한 자료와 오염도 측정 자료 등을 얻을 수 있고 환경부가 발표하는 보도 자료도 일부 구할 수 있다. 환경부 홈페이지에서는 지방환경관리청이나 중앙환경분쟁조정위원회 등의 홈페이지로 연결할 수도 있다. 특히 환경부장관에게 환경 정책에 대해 질의를 하면 답변을 얻을 수 있다.

다음의 환경부 산하 기관 홈페이지에서도 중요한 정보를 얻을 수 있다.

국립환경연구원 **www.nier.go.kr**

한국자원재생공사 **www.koreco.or.kr**

환경관리공단 **www.emc.or.kr**

국가환경기술정보센터(환경관리공단 운영) **www.konetic.or.kr**

국립공원관리공단 **www.npa.or.kr**

자연보전협회 **http://user.chollian.net/~natcon**

정부 각 부처나 공기업 가운데서도 환경 정책, 환경 행정과 관련된 내용을 얻을 수 있다.

대통령자문 지속가능발전위원회 **www.pcsd.go.kr**

건설교통부 **www.moct.go.kr**, 한국수자원공사 **www.kowaco.or.kr**

산업자원부 **www.mocie.go.kr**, 에너지관리공단 **www.kemco.or.kr**, 한국전력공사 **www.kepco.co.kr**

과학기술부 **www.most.go.kr**, 기상청 **www.kma.go.kr**

해양수산부 **www.most.go.kr**, 국립수산진흥원 **www.nfrda.re.kr**

농림부 **www.maf.go.kr**, 산림청 **www.foa.go.kr**, 임업연구원
www.kfri.go.kr

문화재청 **www.ocp.go.kr**

외교통상부 **www.mofat.go.kr**

행정자치부 **www.mogaha.go.kr**

▶ 국회의 대한민국 현행 법령 홈페이지 **http://node3.assembly. go.kr:5555/law/index2.htm**에서는 국내 현행법, 시행령, 시행 규칙 등을 볼 수 있다.

▶ 연구 기관 가운데에는 특정한 환경 정보를 얻을 수 있는 곳이 있다.

한국환경정책평가연구원 **www.kei.re.kr**

국토연구원 **www.krihs.re.kr**

한국건설기술연구원 **www.kict.re.kr**

에너지경제연구원 **www.keei.re.ke**

한국전력연구원 **www.kepri.re.kr**

한국해양연구소 **www.kordi.re.kr**

기상연구소 **www.metri.re.ke**

환경 단체

환경 단체의 인터넷 홈페이지에 가면 해당 환경 단체의 활동 내용뿐만 아니라 다양한 환경 정보를 얻을 수 있고 환경 문제에 관한 의견을 나눌 수도 있다. 메일 리스트에 등록하면 각종 정보를 이메일을 통해 받아볼 수 있다.

환경운동연합 **www.kfem.or.kr** : 분야별 환경 전문가 검색 가능.

녹색연합 **www.greenkorea.org**

환경정의시민연대 **www.ecojustice.or.kr**

환경과공해연구회 **earth.peacenet.or.kr**

그린훼밀리운동연합 **www.greenfamily.or.kr**

녹색소비자연대 **www.gcn.or.kr**

한국환경사회정책연구소 **www.env.re.kr**

생태보전시민모임 **www.ecoclub.simin.org**

한국 지속 가능한 개발 네트워크(KSDN) **www.ksdn.or.kr**

언론 관련 기관

▶ 개별 언론 기관 홈페이지에 연결하면 뉴스 속보를 보거나 과거 기사와 뉴스를 검색할 수 있다.

한국언론재단 뉴스 데이터 베이스**www.kinds.or.kr** : 중앙 일간지, 지방 일간지 등의 과거 기사를 검색할 수 있다. 한국언론재단 **www.kpi.or.kr**에서는 환경 전문가 검색도 가능하다.

▶ 환경 전문 매체도 인터넷으로 접근할 수 있으나 이용을 위해서는 회원으로 가입해야 하는 경우도 있다.

자연다큐멘터리 인터넷 방송 와일드 넷 **www.wildnet.co.kr**

메가람 웹진 **www.megalam.co.kr**

격월간 녹색평론 **www.greenreview.co.kr**

월간 환경과조경 **www.landscape.co.kr**

계간 환경과생명 **www.greenera.or.kr**

종합환경전문정보센터 **http://envinews.co.kr**

외국 기관

▶ 환경 관련 국제 협약 사무국 홈페이지

기후변화협약 **www.unfccc.de**, 기후 변화에 관한 정부간 패널 **www.ipcc.ch**

생물종다양성협약 **www.biodiv.org**

멸종 위기에 처한 야생 동식물의 국제 거래에 관한 협약(CITES) **www.cites.org**

람사습지협약 **www.ramsar.org**

몬트리올의정서 **www.unep.org/ozone**

바젤협약 **www.basel.int**

이동성생물협약 **www.wcmc.org.uk/cms**

런던협약 **www.londonconvention.org**

▶ 각국의 환경 관련 정부 기관

미국 환경보호청(EPA) **www.epa.gov**,

항공우주국(NASA) **www.visibleearth.nasa.gov**

캐나다 환경부 **www.ec.gc.ca/envhome.htm**

유럽연합 환경청 **www.eea.eu.int**

중국 국가환경보호국 **www.ihe.org/sepa.htm**

일본 환경성 **www.env.go.jp**

▶ 환경 관련 국제 기구

유엔환경계획(UNEP) **www.unep.org**

유엔개발계획(UNDP) **www.undp.org**

유엔교육과학문화기구(UNESCO) **www.unesco.org**

유엔식량농업기구(FAO) **www.unesco.org**

유엔아동기금(UNICEF) **www.unicef.org**

유엔인구기금 **www.unfpa.org**

세계보건기구(WHO) **www.who.int**

세계은행 **www.worldbank.org**

국제에너지기구(IEA) **www.iea.org**

국제원자력기구(IAEA) **www.iaea.org/worldatom**

경제협력개발기구(OECD) **www.oecd.org**

▶ 민간 단체

월드워치연구소 **www.worldwatch.org**

어스워치연구소 **www.earthwatch.org**

세계자원연구소(WRI) **www.wri.org**

그린피스 **www.greenpeace.org**

시에라 클럽 **www.sierraclub.org**

세계야생동물보호기금(WWF) **www.panda.org**

지구의 친구들 **www.foe.org**

어스퍼스트 **www.earthfirst.org**

국제자연보전연맹(IUCN) **www.iucn.org**

▶ 환경 정보 전문 인터넷 홈페이지

Environmental News Network **www.enn.com**

일본의 환경 정보 **http://202.33.38.72**

지역		단체명	전화번호	주요인사
시도	시군구			
서울	강남	기독교환경운동연대(기독교환경)	538-9092	상임대표 인명진
			(사)교회환경연구소 538-9093	
		여성환경연대	3463-7224	공동대표 박영숙
		자연보호중앙협의회(자보협)	561-1153	회장 이인규
		한국기독교환경대책협의회(한기환대)	563-1657	회장 김상태
		한국환경사회정책연구소(환사연)	3461-8865	소장 박영숙
		한국환경생태계연구협회	458-0803	총재 이종호
		환경사랑회	538-5506	회장 정성갑
		대한토양환경연구소	563-3402	소장 이종성
	강동	아태환경경영연구원	487-3845	이사장 허남훈
		푸르게 사는 모임	441-4224	회장 조혜선
		환경보존강동구민모임	427-6936	대표 임성호
		강동송파환경운동연합	472-0775	의장 정동인
	강북	녹색삶을위한여성들의모임(녹색여성모임)	903-6604	회장 정외영
		자연보호중앙협의회 서울시특별시지회	988-2045	김현풍
	강서	온누리녹색환경실천운동협의회	693-4554	회장 김홍영
	관악	그린훼밀리운동연합 서울 관악지부	424-8538	양재천
		한국생활자원재활용협회	876-7272	회장 이진기
	광진	녹색시민연합(푸른복지를 가꾸는 작은 햇님들)	3424-5999	공동대표 홍일수
	구로	한국환경경영연합	2617-0776	회장 김정식
	노원	밀렵감시단	972-6066	단장 송재호
	동대문	한국녹색교육협회(한교협)	960-2044	이사장 안재식
		한국환경민간단체진흥회	2215-7536	이사장 김창열
		환경보전협회	2249-5265	회장 김상하
		한국수목보호연구회	967-5048	회장 유종근
		한국야생동물보호협회	966-0156	회장 이창수
		한그루녹색회	961-2737	회장 김명전
	동작	그린훼밀리운동연합 서울 동작지회		정한식
		원불교 서울환경연구회	812-6903	대표 장용철
	마포	두레생태기행	712-5812	회장 김재일
		한국생활환경연구회	334-8259	회장 이재완
		원자력을 이해하는 여성모임	714-7451	총재 신영순
		풀꽃세상을 위한 모임	325-6801	대표 정상명

		해당화심기운동추진위원회	376-7063	대표 김건식
서대문		한국환경보호협의회	738-3607	위원장 박창근
서초		자생식물단체연합회	575-7069	회장 김창열
		한국자생식물협회	575-6696	이재석
		한국식물원협회	593-3127	전의식
		자연생태정보센터	533-6321	노영대
		우이령보존회	592-4462	회장 김인식
		한국불교환경교육원	587-8997	원장 최은호
		한국환경교육협회	571-1195	회장 권숙표
		환경마크협회	597-0124	회장 윤서성
		우유팩재활용협의회	584-3631	회장 윤호직
		한국민물고기보존협회	3472-4603	회장 한문희
		한국환경기술연구소	844-4387	이사장 윤명조
		한독환경기술자교류협회	3473-4670	회장 김홍현
성동		UNEP글로벌500한국인회	2290-1506	회장 원경선
송파		한국자생란보존총연합회	425-0646	이사장 이평후
		한국조수보호협회	407-2789	대표 원병오
영등포		국제환경노동문화원	785-0624	이사장 박세직
		맑은물되찾기운동연합회(맑은물)	761-9300	총재 최창섭
		아태환경엔지오 한국본부(아태환경)	2636-9930	이사장 권숙표
		한국자생식물보존회	780-1755	김혜영
		한국자생식물연구회		
		한국그린크로스	780-2526	공동의장 김상현
		한국아동인구환경의원연맹	786-1109	회장 이해찬
		한국환경보호연합회	761-3232	회장 안경식
		한국환경정보연구센터	3775-1269	회장 오석재
		한국지하수자원보전협의회	2632-5970	회장 안기희
		한국환경수도연구소	637-1234	이사장 김정근
용산		자연유산보존협회	749-0411	회장 안봉원
		한국조류보호협회	797-4756	회장 김성만
은평		녹색환경교육연합(그린넷)	355-2711	사무총장 김창신
		생태보전시민모임(생태모임)	353-9400	대표 이경재
		한국자연보전협회	383-0694	회장 김윤식
		환경보호국민운동본부	388-3309	송기태
		환경보호연예인협회	382-0579	회장 용수택
		국립공원을 지키는 시민의 모임(국시모)	386-1500	회장 정홍식

		한국물관리연구소	384-8676	이사장 박인호
		한국사연보존협회	383-0683	
		한국야생동물보호협회	354-0126	불광동 구 연구원
		한국환경벤처협회	389-6625	
	종로	그린훼밀리운동연합(그린훼밀리)	732-0890	총재 오 명
		녹색연합	747-8500	공동대표 강문규
			환경소송센터 747-3753	
			배달환경연구소 747-3393	
		대한불교조계종사찰	735-5864	위원장 性照
		환경보존위원회(사찰환경보존위)	747-8500	공동대표 강문규
		유엔환경계획(UNEP)한국위원회	723-3627	위원장 강영훈
		전국자연보호봉사단중앙회(전자봉)	722-3116	총재 유명준
		지구를 위한 세계운동 한국본부(에코가족운동본부)	744-3912	본부장대리 조재국
		청년환경센터준비위원회	2254-1914	이헌석
		청정국토만들기운동본부	722-7552	회장 이성타
		환경과공해연구회	708-4281	회장 김정욱
			환경과공해연구소	
		환경운동연합	735-7000	공동대표 정 학
			시민환경연구소 735-7034 최열	
			시민환경기술센터 (042)624-6340 김선태	
			수질환경센터 (055)246-0982 양운진	
			전북시민환경연구소(063)286-7977 김익수	
			시민환경정보센터 735-7000 강명구	
			환경통신원회 3427-6117	
		환경정의시민연대	708-4747	이사장 원경선
		그린벨트살리기국민행동		대표 고은
		생명의물살리기운동본부		본부장 김양식
		생명안전윤리연대모임	723-9581	사무국장 박병상
		생명의숲가꾸기국민운동(생명의숲)	735-3232	대표 김진현
		쓰레기문제해결을 위한 시민운동협의회	3676-1204,5	공동대표 최열
		우리식물살리기운동	745-3300	공동대표 이창복
		한국동물구조관리협회	739-9119	회장 임완호
		한국야생화연구소	745-1966	소장 김태정
	중구	국경없는환경보전연합	2273-5078	회장 강태화
		한국여성환경운동본부	777-1071	회장 박정희
		한국애완동물보호협회	2278-0661	회장 이동칠

부산	기장	고리원전민간환경감시기구	727-4373	위원장 최현돌
(051)	남구	부산녹색연합	623-9220	운영위장 최종석
		자연보호중앙협의회 부산광역시지회	624-0303	이기광
	동구	바다살리기국민운동 부산본부	442-4293	본부장 황상영
	동래	부산환경보전협회	505-0520	의장 박성석
	부산진	환경보전협회 부산지회	631-4755	
		낙동강보존회	637-6185	회장 구철회
	북구	전국자연보호봉사단 부산, 경남지부	355-6800	김용회
	사하	신평장림공단 환경오염방지협의회	207-0186	회장 조용국
	중구	환경과자치연구소	464-4401	이사장 송정제
		부산환경운동연합	465-0221	공동의장 우용태
대구	남구	한국기독교환경대책 대구협의회	656-5100	회장 이동수
(053)		대구환경운동연합	629-8478	공동의장 정학
			시민환경감시단	이재철
	동구	환경보전협회 대구경북지회	755-2933	
		낙동강환경연구소	751-0777	소장 정석교
	북구	전국그린환경감시단봉사회 총본부	322-9283	총재 박종호
		전국자연보호봉사단 경상지부	955-1112	황규성
	서구	대구NGO환경감시단봉사회	552-8008	회장 정홍표
	수성	대구녹색연합	792-3489	대표 안경숙
		대자연보전환경협회(대보협)	761-3350	회장 이성타
				한국자원재활용운동본부(박윤혼)
			765-0052	
		자연생태연구소(자연생태)	767-2030	소장 류승원
	중구	자연보호 대구광역시협의회	253-6162	회장 이수광
인천	남구	인천환경운동연합	426-2767	의장 홍성훈
(032)	남동구	환경보전협회 인천지부	812-1211	
		남동산업단지환경오염방지협의회	813-1127	회장 이준배
	동구	인천녹색연합	589-1859	대표 김계환
	부평	자연보호중앙협의회 인천광역시지회	526-5086	이복란
		창조세계회복을 위한 인천환경선교회	517-2450	회장 주복균
		환경보호국민운동본부 인천광역시위원회	521-6915	위원장 박경수
		음식물쓰꺼기줄이기와 재활용을 위한 인천시민운동협의회	501-9968	의장 김정택
	중구	천주교인천교구 가톨릭환경연대(가환연)	887-0390	집행위원장 김종운
		한국환경보전실천교육회	891-2107	이사장 정락윤

광주 (062)	동구	청년환경모임지킴이	226-6265	회장 최형동
		푸른광주21추진협의회	222-2280	
		주암호보전협의회	225-3462	대표 현고 스님
	북구	공해추방운동불교중앙협의회(공추불)	261-0108	회장 김창구
		광록회	266-5101	대표 송진요
		광주환경교원협의회	521-1915	대표 박동윤
		광주기독교환경운동연대(광기환)	262-4716	상임대표 안기영
		사랑심은 환경봉사대	575-1044	대장 김광욱
		시민생활환경회의	572-3980	이사장 박화강
		자연보호중앙협의회 광주광역시지회	524-8921	박형만
		광주전남환경운동연합	514-2470	의장 김양옥
		환경정책21연구소	528-0193	소장 강향수
		무등산보호단체협의회	528-1187	의장 김종재
		한국외래종생태환경연구회	573-2236	이사장 이상섭
	서구	환경보전협회 광주전남지회	369-5580	
대전 (042)	동구	녹색환경중앙본부	634-0797	본부장 임성섭
	서구	그린훼밀리운동연합 대전광역시지부	526-9302	
		한국자연생태보전연구원	472-4797	원장 강계원
		환경보전협회 대전충남지회	486-8057	
	유성	그린훼밀리운동연합 대전 유성지부	862-6177	신현국
		자연보호중앙협의회 대전광역시지회	822-0178	차명오
	중구	녹색연합충청본부	253-3241	운영위장 임상순
		대전의제21추진협의회(대전의제21)	256-2464	상임대표 박강수
		대전환경운동연합	242-6335	의장 박재묵
			시민환경기술센터 242-6334 김온순	
울산 (052)	남구	울산지역환경보전협의회	277-3362	김재홍
		자연보호 울산광역시협의회	269-1006	회장 김수호
		전국그린환경감시단 울산지부	258-5407	엄주영
		울산환경운동연합	265-7003	의장 이병해
	북구	태화강보전회	288-0331	회장 이수만
	울주군	온산환경공해협의회	237-2757	회장 김규표
경기 (031)	고양	고양시쓰레기소각장시민대책위원회	902-8271	위원장 안효숙
	과천	환경동우회	503-0173	이사장 한상욱
	(02)	과천환경운동연합	507-3003	대표 송학선
	광명	그린훼밀리운동연합 경기 광명지부	898-2812	유인배
	(02)	광명녹색연합	2618-0900	김정길

	푸른광명21추진협의회	2619-1050	사무국장 제진수
구리	그린훼밀리운동연합 경기 구리지부		장명석
군포	군포환경자치시민회(환경자치)	398-4243	공동대표 이금순
	수도권쓰레기문제해결을 위한 시민연대회의	398-4254	이대수
	환경복지군포시민기구	397-7712	이동병
김포	환경운동연합 환경통신원회 김포지회	982-2012	김세호
남양주	그린훼밀리운동연합 경기와부지부	567-2478	김영수
부천	21세기환경연구소	663-8111	소장 하장보
(032)	그린훼밀리운동연합 경기부천지부	342-6670	이익수
	자연보호중앙협의회 경기도지회	347-3711	강태영
	지구촌환경보전회	666-2002	회장 문은식
	중동소각장주민협의회	323-6856	위원장 이연리
성남	성남녹색연합(준)	706-4243	준비위장 이수만
	분당환경시민의 모임	712-5600	조봉자
수원	21세기 수원만들기 협의회	238-4135	공동의장 이회수
	녹색자치실현을 위한 경기지역 환경사회단체 연대회의	238-8312	이대수, 정원일
	수원환경운동센터	238-8311	공동대표 박희영
		녹색환경연구소 238-8286	
	환경보전협회 경기지회	253-0312	
	한국그린에너지실천협의회	246-3700	
시흥	시흥환경운동연합	693-3181	대표 문희석
안산	경기환경복지연구소	501-1010	이사장 신일영
	그린훼밀리운동연합 경기 안산지부	414-0050	최영덕
	안산환경운동연합	413-5120	의장 지원
안성	안성천살리기시민모임	676-0700	대표 정원일
안양	경기녹색환경실천회	385-2124	회장 이성섭
	경기환경문제연구소		
	안양지역환경단체연합회(안양환경센터)		
	안양지역공해대책협의회	385-2124	회장 김은병
	전국자연보호봉사단 안양시지회	385-2124	회장 장철수
	환경보호국민운동안양지역본부	458-9030	대표 심수섭
	안양·군포·의왕환경운동연합	458-9070	의장 이종만
여주	이천 여주 환경운동연합	885-6824	공동의장 김정권
용인	그린훼밀리운동연합 경기 용인지부	282-2469	김장욱
의정부	도시환경센터	874-8987	소장 최주영
	경기북부환경운동연합	873-6581	대표 김준호

		광릉숲보존협의회	873-4021	회장 허남주
		의정부쓰레기폐기물소작장건실반내내책위원회	874-4321	대표 신익재
	평택	그린훼밀리운동연합 경기 평택지부	652-8411	정장선
		전국자연보호봉사단 경기지부	681-7871	양준모
		평택환경운동연합	657-2492	의장 윤종화
	하남	환경진흥회	796-2255	위원장 김용대
강원 (033)	강릉	자연보호중앙협의회 강원도지회	641-6868	박종안
		강릉생명의숲가꾸기국민운동	646-5222	대표 홍동선
	동해	전국자연보호봉사단 강원도지부	521-1983	김진연
	속초	설악녹색연합 (설녹연)	636-8715	회장 박그림
		속초, 고성, 양양 환경운동연합	636-4314	
	원주	치악여성환경보전연합회	732-9915	회장 장옥희
		원주환경운동연합	732-1102	의장 이광순
	춘천	환경보전협회 강원지회	251-2676	
		춘천환경운동연합	252-1098	의장 한대성
	철원	한국두루미보호협회	456-0277	중앙회장 박형문
	홍천	그린훼밀리운동연합 강원 홍천남면지회	432-4001	박선종
	횡성	횡성환경운동연합	344-7896	대표 박희홍
충북 (043)	괴산	그린훼밀리운동연합 충북 괴산증평지부	838-7715	김기환
	단양	우리고장환경보호대책위원회	421-5200	위원장 이태윤
	제천	그린훼밀리운동연합 충북 제천지회	646-8787	홍순홍
		제천환경운동연합	646-3474	의장 배은하
	청주	자연보호중앙협의회 충북지회	222-5599	정순홍
		환경보전협회 충북지회	259-4603	
		청주환경운동연합, 충북환경운동연합	266-1233	대표 강상준
	충주	충주환경운동연합	852-6117	대표 김상덕
충남 (041)	공주	아름다운 마을	856-3036	회장 김영신
	금산	그린훼밀리운동본부 충남 금산지부	754-5477	박천보
	당진	당진환경운동연합	355-7661	의장 김대회
	보령	자연보호중앙협의회 충남지회	936-3484	임홍빈
	서산	한국환경보호협회 서산지부		김동희
		서산, 태안환경운동연합	667-3010	상임의장 남현우
	서천	서천환경운동연합	956-3901	상임의장 임갑택
	아산	광덕산을지키는사람들	546-9877	대표 신현철
	예산	전국자연보호봉사단 충청지부	333-6838	김원택
	천안	천안아산환경운동연합	572-2535	의장 신언석
전북	군산	하천사랑운동 금강사랑운동본부	445-7888	

(063)	순창	순창환경을 지키는 어머니회	652-1150	김금순
	익산	그린훼미리운동연합 전북 익산지부	833-6394	박경철
	전주	신문고환경살리기운동본부	251-1128	이범식
		자연보호전북협의회	224-2020	회장 백남진
		전북환경보존회	244-6743	
		환경보전협회 전북지회	285-3083	
		전북환경운동연합	286-7977	의상 전봉호
		환경을 지키는 여성들의 모임	288-3687	회장 노미경
	정읍	황소개구리포획사업	534-4389	대표 박영주
전남	고흥	고흥핵추방운동연합	835-7376	회장 김범태
(061)	광양	푸른광양21추진협의회	794-0210	의장 황석봉
		광양환경운동연합	793-1003	의장 백관찬
		섬진강환경보전민간단체협의회	793-1003	
	나주	맑고푸른나주21	337-8692	조규봉
	목포	목포환경과건강연구소	244-0240	대표 서한태
		목포환경교통봉사대	281-7238	대장 이동철
		목포환경운동연합	243-3169	의장 김창용
	순천	그린순천21추진협의회(그린순천21)	742-5000	상임의장 현고
		순천녹색연합	742-2811	대표 김용주
	여수	그린훼밀리운동연합 전남 여수지부	636-4600	박종언
		여수환경운동연합	682-0610	상임의장 김정욱
	여천	그린훼밀리운동연합 전남 여천지부	682-5282	배용하
	영광	영광원전민간환경안전감시위원회	353-9495	위원장 김봉열
		영광핵발전소추방협의회	351-2276	공동의장 이영선
	영암	자연보호중앙협의회 전남지회	473-3159	김수문
		영암환경운동연합	473-3188	
	장성	장성군 환경오염대책본부	394-0505	회장 홍견이
	해남	해남갯벌과 철새보전을 위한 모임	535-2256	회장 김동식
	화순	화순환경연합회	374-0524	회장 정명조
경북	경주	환경보전을 위한 경주시민의 모임	741-5698	대표 유환무
(054)		자연보호형산강살리기봉사회	771-8005	총재 김헌규
	구미	그린훼밀리운동연합 구미지부	452-8891	지역장 허규선
		자연사랑경북연합회	457-4572	회장 김의석
	문경	문경환경녹색회	572-2597	회장 안상휘
		자연보호문경시협의회	555-3136	회장 강동창
	영덕	그린영덕21추진협의회	730-6181	회장 박경열

		영근회	734-2983	회장 이재동
	영주	자연보호중앙협의회 경북지회	631-2488	김현종
		한국수달보호회	635-7219	회장 박원수
	영천	환경운동중앙협회	332-4250	회장 이육만
	포항	포항환경운동연합	249-2253	대표 배호경
		바다살리기국민운동 경북본부	277-2990	본부장 배동현
		영일만환경보존운동본부	277-6535	회장 김영웅
		푸른포항21추진협의회	281-1193	회장 남인식
경남 (055)	거제	초록빛깔사람들	636-7747	대표 조순만
			한국생태연구소(조순만)636-4455	
			야생동물구급센터(김태욱)636-8272	
		거제환경운동연합	688-2213	의장 엄수훈
	남해	남해군환경보전위원회(남해환보위)	863-3221	위원장 최채민
		남해환경운동연합	863-0223	의장 이영호
	마산	환경보전협회 울산경남지회	244-9142	
	사천	사천환경을 지키는 시민연합(환경연합)	832-2033	회장 김점세
	진주	진주환경운동연합	746-8700	의장 서도성
	창녕	창녕환경운동연합	533-7856	의장 배종혁
		푸른우포사람들	532-8989	회장 김영덕
	창원	자연보호중앙협의회 경남지회	284-4100	김용호
		자연보호창원시협의회	262-7161	회장 김종두
		마산창원환경운동연합	252-9008	의장 양운진
			수질환경센터 246-0982	
		녹색공동체	299-9215	대표 이재구
		바다가꾸기실천운동시민연합	283-9494	대표 최진호
제주 (064)	서귀포	제주녹색연합	738-1391	
		예래환경연구회	738-4456	회장 김경훈
	제주	늘푸른제주21추진협의회(늘푸른제주21)	748-1021	상임의장 김형옥
		제주환경운동연합	759-2162	오윤근
		제주자연보전협회	742-0135	신상범
		제주환경연구센터	742-0135	이사장 김형옥
			제주도동굴환경연구회	
			(송상헌) 746-1548	
		자연보호중앙협의회 제주도지회	452-6162	회장 이수광
		전국자연보호봉사단 제주지부		박광남
		환경보전협회 제주지회	757-2164	
		제주환경운동연합(푸른 이어도의 사람들)	759-2162	대표 오윤근

환경부 및 산하기관 연락처

부서명	과별	전화번호
공보관		504-9220, 507-6096
	공보실	504-9221~2, 507-6097
	기자실	504-9223~5
감사관		504-9226, 507-6109
	감사담당관	504-9227, 507-6121
국제협력관		504-9238, 507-6291
	해외협력담당관	504-9244, 507-6190
	지구협력담당관	504-9245, 507-6292
총무과	과장	504-9271, 507-6125
기획관리실	실장	504-9230~1, 507-6181
	기획예산담당관	504-9232, 507-6182
	행정관리담당관	504-9233, 507-6183
	비상계획담당관	504-9229, 507-6124
	법무담당관	504-9234, 507-6184
	정보화담당관	504-9235, 507-6305
	환경정보자료실	504-9293
환경정책국	국장	504-9236~7, 507-6198
	정책총괄과	504-9239, 507-6209
	환경경제과	504-9242, 507-6287
	민간환경협력과	504-9240, 507-6108
	국토환경보전과	504-9276, 3679-4268
	환경평가과	504-9287
	환경기술과	504-9241, 507-6290
자연보전국	국장	504-9281, 507-6285
	자연정책과	504-9283, 507-6286
	자연생태과	504-9284, 507-6216
	자연공원과	504-9286, 507-6213
	토양보전과	504-9290, 507-6282
대기보전국	국장	504-9246, 507-6229
	대기정책과	504-9247, 507-6231
	대기관리과	504-9248, 507-6232
	교통공해과	504-9249, 507-6235
	생활공해과	504-9250, 507-6236
수질보전국	국장	504-9251, 507-6237

부서명	과별	전화번호
	수질정책과	504-9252, 507-6243
	산업폐수과	504-9253, 507-6251
	중앙단속반	504-9254
	생활오수과	504-9255, 507-6253
상하수도국	국장	507-2451, 507-6046
	수도정책과	507-2452
	수도관리과	507-2454, 507-6087
	하수도과	507-2455, 507-6092
폐기물자원국	국장	504-9258, 507-6255
	폐기물정책과	504-9259, 507-6270
	생활폐기물과	504-9260, 507-6271
	산업폐기물과	504-9261, 507-6272
	자원재활용과	504-9262, 507-6294
	화학물질과	504-9288, 507-6278
산하기관		
국립환경연구원		(032)560-7114
한강유역환경관리청		(031)790-2590
경인지방환경관리청		(031)486-7922
원주지방환경관리청		(033)764-0982
낙동강환경관리청		(055)263-6100
대구지방환경관리청		(053)766-0929
금강환경관리청		(042)865-2999
영산강환경관리청		(062)571-2121
전주지방환경관리청		(063)253-9361
한국자원재생공사		(02)3773-9700
환경관리공단		(02)519-0200,1
국립공원관리공단		(02)3272-7931

2001. 10. 28. 현재

국립환경연구원 (대표전화 032-560-7114)

부서명	과별	전화번호
원장실	원장	(032)567-6800
서무과	과장	(032)568-0762
	서무	560-7005~14
	용도	560-7017~25
	공사관리팀	560-7035~8
	정문	560-7030
	방제센터	560-7026
	당직실	560-7028
기획과	과장	(032)568-0763
	기획과	560-7045, 7047~52
	환경정보실	560-7054
	환경정보기획실	560-7055
환경위해성연구부	부장	(032)568-0765
	환경위해성연구과	560-7067
	환경역학조사과	560-7076
	환경생태과	560-7080,1
	야생동물과	560-7089~91
	미량물질분석과	560-7092,3
대기연구부	부장	(032)568-0766
	대기공학과	560-7100
	대기화학과	560-7018
	대기물리과	560-7113
	소음진동과	560-7117
수질연구부	부장	(032)568-0767
	수질공학과	560-7120,1
	수질화학과	560-7127,8
	수질미생물과	560-7133,4
	수질검사과	560-7138,9
폐기물연구부	부장	(032)568-0768
	폐기물공학과	560-7142,3,5
	폐기물화학과	560-7149-50
	폐기물자원과	560-7153,4
	토양환경과	560-7157,8
수질검사소	한강 수질검사소장	(031)773-8345
	낙동강 수질검사소장	(053)944-0590

부서명	과별	전화번호
	금강 수질검사소장	(043)733-9404
	영산강 수질검사소장	(061)755-9295
환경연수부	부장	(02)389-8715
	학사과	(02)389-9782
	교육과	(02)389-8716
환경기술개발관리센터	센터장	(02)356-6412
	운영실	(02)351-4195,98

연어가 돌아오지 않는 이유

1판 1쇄 찍음 2001년 11월 20일
1판 1쇄 펴냄 2001년 11월 26일

지은이 · 환경기자클럽
펴낸이 · 이갑수
펴낸곳 · 궁리출판

출판등록 1999. 3. 29. 제15-398호
151-812 서울시 관악구 봉천6동 1688-106
대표전화 878-8341 / 팩시밀리 878-8342
E-mail : kungree@chollian.net
www.kungree.com

ISBN 89-88804-53-8   03300